普通高等院校计算机基础教育规划教材·精品系列

微型计算机原理与接口技术学习指导

（第四版）

杨 立 邓振杰 荆淑霞 等编著

中国铁道出版社

CHINA RAILWAY PUBLISHING HOUSE

内 容 简 介

本书与主教材《微型计算机原理与接口技术（第四版）》（中国铁道出版社出版）配套使用。全书共计 15 章，前 14 章按照主教材中章节内容进行编排，提供各章的学习要点、重点知识、典型例题解析、思考与练习题解答等内容；第 15 章给出 16 个典型实验的操作指导；附录中给出 3 套模拟试题及参考答案、DOS 常用命令及出错信息、8086 指令系统、DOS 系统功能调用、BIOS 中断调用等，以供读者学习和借鉴。

本书融入作者多年教学和科研实践经验，内容由浅入深、循序渐进、重点突出、应用性强；从教学规律和认知习惯出发，合理编排教学内容，全面阐述微机原理与接口技术中必须掌握的基本知识和基本技能，为今后实际应用奠定坚实基础。

本书适合作为应用型本科院校计算机专业"微型计算机原理与接口技术"课程的辅助教材，也可作为高等职业教育、成人教育、在职人员培训、高等教育自考人员和从事微机硬件及软件开发工程技术人员学习和应用的参考书。

图书在版编目（CIP）数据

微型计算机原理与接口技术学习指导 / 杨立等编著. — 4 版. —
北京 ： 中国铁道出版社，2016.2
普通高等院校计算机基础教育规划教材. 精品系列
ISBN 978-7-113-21418-0

Ⅰ. ①微… Ⅱ. ①杨… Ⅲ. ①微型计算机 – 理论 – 高等学校 –
教材 ②微型计算机 – 接口技术 – 高等学校 – 教材 Ⅳ. ①TP36

中国版本图书馆 CIP 数据核字(2016)第 012030 号

书 名：	微型计算机原理与接口技术学习指导（第四版）
作 者：	杨 立 邓振杰 荆淑霞 等编著

策 划：	刘丽丽	读者热线：(010) 63550836
责任编辑：	周 欣 彭立辉	
封面设计：	一克米工作室	
责任校对：	汤淑梅	
责任印制：	郭向伟	

出版发行： 中国铁道出版社（100054，北京市西城区右安门西街 8 号）
网 址： http:// www.51eds.com
印 刷： 三河市宏盛印务有限公司
版 次： 2004 年 8 月第 1 版　2007 年 8 月第 2 版　2010 年 3 月第 3 版　2016 年 2 月第 4 版
　　　　2016 年 2 月第 1 次印刷
开 本： 787mm×1092mm 1/16　印张：12.5　字数：300 千
印 数： 1~3 000 册
书 号： ISBN 978-7-113-21418-0
定 价： 27.00 元

前言（第四版）

本书在《微型计算机原理与接口技术学习指导（第三版）》的基础上改版，配合主教材《微型计算机原理与接口技术（第四版）》（中国铁道出版社出版）的架构及内容进行了修改和调整，删去一些比较浅显和累赘的知识，修改和补充了一些实用知识及应用实例。使书中各章节内容相对独立又相互衔接，形成层次化和模块化的知识体系，并兼顾不同层次的教学需求。

全书共计 15 章。第 1~14 章按照主教材中微型计算机基础知识、典型微处理器、寻址方式与指令系统、汇编语言及程序设计、总线技术、存储器系统、输入/输出接口技术、可编程 DMA 控制器 8237A、中断技术、可编程并行接口芯片 8255A、可编程串行接口芯片 8251A、可编程定时器/计数器接口芯片 8253、人机交互设备及接口、D/A 及 A/D 转换器 14 章的内容展开，提供各章学习要点、重点知识、典型例题解析、思考与练习题解答等。第 15 章实验操作指导中给出 16 个典型实验的目的、内容及要求和参考程序等。在附录中给出 3 套模拟试题及其解答、DOS 常用命令及出错信息、8086 指令系统、DOS 系统功能调用、BIOS 中断调用等，为课程的教学、实践训练和课后复习提供强有力的帮助。

本书强调与主教材的配套性和实用性，层次清晰、脉络分明、由浅入深、循序渐进、重点突出、内容精练。在内容编排上注重课程知识体系的完整和前后内容的合理衔接，突出应用特色，对各章知识点进行阐述分析和归纳总结后，通过典型例题解析以及各章思考与练习题的解答，使读者能够理解和掌握各章主体知识。书中所设计的程序仅供读者借鉴与参考，可在此基础上开拓思路，举一反三。

本书适合作为应用型本科院校计算机专业"微型计算机原理与接口技术"课程的辅助教材，也可作为高等职业教育、成人教育、在职人员培训、高等教育自学人员和从事微型计算机硬件和软件开发的工程技术人员学习和应用的参考书。

本书由杨立、邓振杰、荆淑霞等编著。各章编写分工：杨立编写了第 1~5 章、第 15 章及附录；邓振杰编写了第 6~9 章；荆淑霞编写了第 10~14 章。参加本书大纲讨论和部分内容编写工作的还有曲凤娟、金永涛、王振夺、李楠、朱蓬华等。全书由杨立负责组织与统稿。

由于编者水平有限，书中不足之处在所难免，敬请广大读者批评指正。

编　者

2015 年 11 月

目 录

微型计算机基础知识 «« 第1章

学习要点：

- 微处理器的产生和发展。
- 微型计算机的特点与性能指标。
- 微型计算机软硬件结构及系统组成。
- 计算机中的数制及其转换。
- 无符号数和带符号数的表示。
- 定点数与浮点数的表示。
- ASCII 码、BCD 码的概念及应用。

1.1 本章重点知识

1.1.1 微型计算机概述

1. 微处理器的产生和发展

微处理器（Microprocessor）诞生于 20 世纪 70 年代初，将传统计算机的运算器和控制器等部件集成在一块大规模集成电路芯片上作为中央处理部件（Control Processing Unit，CPU）。按照字长和功能划分，微处理器经历了以下 6 代的演变：

（1）第 1 代：4 位和 8 位低档微处理器。

（2）第 2 代：8 位中高档微处理器。

（3）第 3 代：16 位微处理器。

（4）第 4 代：32 位微处理器。

（5）第 5 代：超级 32 位 Pentium 微处理器。

（6）第 6 代：新一代 64 位微处理器 Merced。

2. 微型计算机的分类

（1）按照微处理器能够处理的数据字长，分为 4 位、8 位、16 位、32 位、64 位等微型计算机。

（2）按照微型计算机的利用形态，分为单片微型计算机、单板微型计算机、位片式微型计算机和微型计算机系统等。

3. 微型计算机的特点

（1）功能强：体现在运算速度快，计算精度高，配有丰富的软件，实际处理能力强，应用范围广。

（2）可靠性高：由于微处理器及其配套系列芯片集成度高，减少了大量的焊点、连线、接插件等不可靠因素，使其可靠性大大加强。

（3）价格低：微处理器及其配套系列芯片适合大批量生产，产品成本低。

（4）适应性强：体现在硬件扩展方便，配套的支持芯片和相关支持软件丰富。

（5）体积小、重量轻：微处理器及配套芯片都比较小，使整机体积明显缩小，重量减轻。

（6）维护方便：由于采用标准化、模块化和系列化的硬件结构与软件配置，加上有自检、诊断及测试等技术，可及时发现和排除系统故障。

4．微型计算机的性能指标

（1）位（bit）：指 1 个二进制位，由 "0" 和 "1" 两种状态构成。

（2）字长：指微处理器内部寄存器、运算器、数据总线等部件之间传输数据的宽度或位数。

（3）字节（B）：计算机中通用的基本存储和处理单元，由 8 个二进制位组成。

（4）字：计算机内部进行数据处理的常用单位，由 16 个二进制位组成。

（5）主频：微处理器芯片时钟频率，决定微型计算机的处理速度。

（6）主存容量：主存储器中 RAM 和 ROM 的总和，是衡量微型计算机的数据处理能力的一个重要指标。

（7）可靠性：指计算机在规定的时间和工作条件下正常工作不发生故障的概率。

（8）兼容性：指计算机中的数据处理、I/O 接口、指令系统等硬件和软件可用于其他多种系统的性能。

（9）性能价格比：指计算机的软、硬件性能与售价的关系，是衡量产品优劣的综合性指标。

1.1.2 微型计算机硬件结构及其功能

1．微型计算机的硬件结构

硬件的基本功能是接收计算机程序，并在程序的控制下完成数据输入、数据处理和输出结果等任务。

通用微型计算机硬件系统的各典型部件如图 1-1 所示。

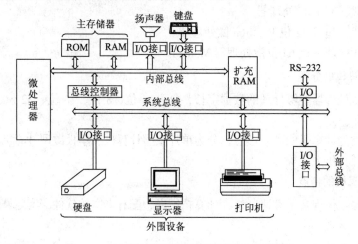

图 1-1　通用微型计算机的硬件系统各典型部件

2. 各模块功能简介

硬件系统主要包括以下几部分：

（1）微处理器：微型计算机的核心部件，包含运算器、控制器、寄存器组及总线接口等，负责对计算机系统各部件进行统一的协调和控制。

（2）主存储器：用于存储程序及原始数据、中间结果和最终结果等。分为随机存储器（RAM）和只读存储器（ROM），两者共同构成主存储器。

（3）系统总线：CPU与其他部件间传输数据、地址和控制信息的公共通道。根据传输内容分数据总线（DB）、地址总线（AB）、控制总线（CB）。

（4）I/O接口：微型计算机与外围设备间交换信息的桥梁，一般由寄存器组、专用存储器和控制电路等组成，所有外围设备都通过各自接口电路连接到微型计算机系统总线上。接口电路的通信方式分为并行通信和串行通信。

（5）主机板：由CPU、RAM、ROM、I/O接口电路及系统总线组成的计算机装置简称"主机"，主机的主体是主机板。主机板上有CPU插槽、内存插槽、扩展槽、电源插槽、磁盘接口、主控芯片组、BIOS芯片、CMOS电池，以及各种外围设备的输入/输出端口等，主板结构如图1-2所示。

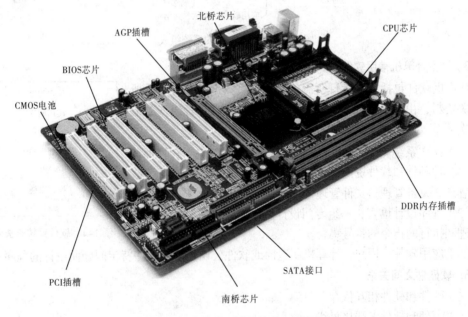

图1-2 常见微型计算机的主板结构

（6）辅助存储器：微型计算机中常用的外存可分为磁盘及光盘存储器。通常由盘片、磁盘（光盘）驱动器和驱动器接口电路组成。

（7）输入/输出设备：最常用的输入设备是键盘、鼠标、扫描仪等，最常用的输出设备是显示器和打印机等。

1.1.3 微型计算机系统

1. 微型计算机系统组成示意图

微型计算机系统包括硬件和软件两大部分，如图1-3所示。

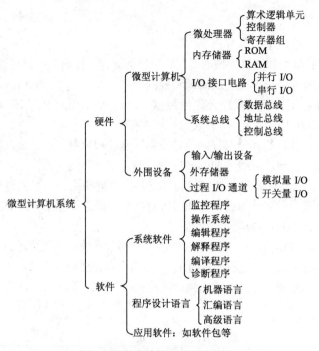

图 1–3　微型计算机的系统组成

2．微型计算机常用软件

计算机软件包括系统运行所需各种程序、数据、文件、手册和有关资料，由系统软件、程序设计语言、应用软件等组成并形成层次关系，如图 1–4 所示。

（1）操作系统（Operating System，OS）：用于控制和管理计算机内各种硬件和软件资源，具有进程与处理机调度、作业管理、存储管理、设备管理、文件管理等五大功能。

（2）程序设计语言：一组专门设计用来生成一系列可被计算机处理和执行的指令的符号集合。

用户程序
应用软件
套装软件
语言处理系统
服务型程序
操作系统
计算机硬件

图 1–4　软件系统组成示意

（3）应用软件：用户、计算机制造商或软件公司为解决某些特定问题而设计的程序。

3．软硬件之间关系

（1）硬件和软件相互依存。

（2）硬件和软件无严格界线。

（3）硬件和软件协同发展。

（4）具有软件功能的固件。

（5）软件具备兼容性。

1.1.4　计算机中的数制及其转换

1．计算机中的数制

数制是一种利用特定符号来计数的方法，数制所使用的相应符号称为数码，数码的个数称为基数，每个数码在计数制中所处的位置称为位权。

计算机中采用的计数制主要有二进制、十进制和十六进制等。

各类数制的表示可在数字后加写相应英文字母作为标识。例如，B（Binary）表示二进制数；D（Decimal）表示十进制数（其后缀可省略）；H（Hexadecimal）表示十六进制数。

此外，也可在数字括号外面加数字下标表示。例如，$(110110.101)_2$ 为二进制数；$(218.125)_{10}$ 为十进制数；$(53BE.A8)_{16}$ 为十六进制数。

2．不同数制之间转换规律

（1）十进制整数转换为二进制（或十六进制）整数采用"除基数倒取余"的方法。

（2）十进制小数转换为二进制（或十六进制）小数采用"乘基数顺取整"的方法。

（3）二进制（或十六进制）数转换为十进制数采用"按位权展开求和"的方法。

（4）二进制数转换为十六进制数采用"四合一"的方法；十六进制数转换为二进制数采用"一分四"的方法。

1.1.5 计算机中机器数的表示

1．机器数的表示方法

计算机内部将一个数及其符号进行数值化表示的方法称为机器数。

完整地表示一个机器数应考虑以下三方面：

（1）机器数的范围：与计算机的 CPU 字长有关。

（2）机器数的符号：用二进制数最高位表示，"0"表示正数，"1"表示负数。

（3）机器数中小数点的位置：有定点数（约定数据的小数点位置固定不变）与浮点数（小数点在数据中位置可左右移动）之分。

2．带符号数的表示

（1）原码：用最高位表示数的符号，其余部分表示数的绝对值。

（2）反码：正数的反码与原码相同，负数的反码是其符号位不变，其余各位按位取反。

（3）补码：正数的补码与原码相同，负数的补码是其符号位不变，其余各位按位取反后在末尾加 1。

补码表示的数与机器字长有关，8 位字长时补码范围是 $-128 \sim +127$，16 位字长时补码范围是 $-32\ 768 \sim +32\ 767$。

带符号数用补码表示的好处在于可将减法运算变为加法运算，使运算更简便，计算机中的电路容易实现。

3．定点数和浮点数的表示

（1）定点数：用整数表示数据时，将小数点约定在最低位的右边称为定点整数；用纯小数表示数据时，将小数点约定在符号位之后称为定点小数。

例如，8 位字长计算机，小数点位置如图 1-5 所示。

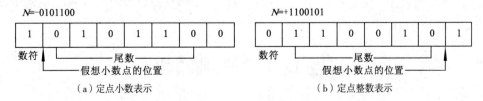

图 1-5　定点数的表示

（2）浮点数：要处理的数据既有整数部分又有小数部分可用浮点数表示，小数点位置不固定，可表示的数值范围要比定点数大。

通常，一个二进制数 N 可表示为 $N=\pm 2^{\pm P}\times S$。式中，S 称为 N 的尾数，即全部有效数字，2 前面的"±"号是尾数符号；P 称为 N 的阶码，2 的右上方"±"号是阶码符号。阶符和阶码指明小数点的位置，小数点随 P 的符号和大小而浮动。

4．数据溢出及其判断

计算机中数据的运算结果若超过计算机所能表示的数值范围称为数据溢出。例如，8 位带符号数取值范围是 –128～+127，当 $X\pm Y<$ –128 或 $X\pm Y>$ 127 时产生数据溢出，将导致错误结果。

可采用参加运算的两数和运算结果的符号位来判断是否产生溢出，若两个正数相加得到的结果为负数，或两个负数相加得到的结果为正数，则产生数据溢出。对于带符号数算术运算，专门在 CPU 的标志寄存器中设置了溢出标志 OF。当 OF=1 时表示运算结果产生溢出；当 OF=0 时，表示运算结果未溢出。

1.1.6 计算机中常用编码

1．ASCII 码

ASCII（American Standard Code for Information Interchange）是美国标准信息交换代码的简称，用于给西文字符编码，包括大小写英文字母、数字、专用字符和控制字符等。

该编码由 7 位二进制数组合而成，可表示 128 种字符，其中 34 个起控制作用，称为"功能码"；另有 94 个"信息码"，包括 10 个数字、52 个英文大小写字母、32 个专用符号等。

由于计算机基本存储单位是字节（B），1 个字节包含 8 个二进制位（bit）。因此，7 位 ASCII 码将字节最高位作为奇偶校验位，用来校验代码在存储、处理和传输过程中是否发生错误。奇校验时，每个代码的二进制形式中应有奇数个"1"；偶校验时，每个代码的二进制形式中应有偶数个"1"。

为扩大计算机处理信息的范围，目前 ASCII 码由原来 7 位变为 8 位二进制数构成一个字符编码，共有 256 个符号。扩展 ASCII 码除原有的 128 个字符外，又增加了一些常用科学符号和表格线条等。

2．BCD 码

BCD（Binary-Coded Decimal）码是专门用二进制数表示十进制数，称为"二–十进制编码"。最常用的是 8421–BCD 编码，采用 4 位二进制数表示 1 位十进制数，自左至右每个二进制位对应位权是 8、4、2、1。

BCD 码有两种表示形式：

（1）压缩 BCD 码：每位十进制数用 4 位二进制数表示，即 1 个字节表示两位十进制数。如十进制数 59 采用压缩 BCD 码表示为 01011001B。

（2）非压缩 BCD 码：每位十进制数用 8 位二进制数表示，即 1 个字节表示 1 位十进制数，且只用每个字节低 4 位表示 0~9，高 4 位为 0。例如，十进制数 87 采用非压缩 BCD 码表示为 00001000 00000111B。

1.2 典型例题解析

【例 1.1】简述微处理器、微型计算机及微型计算机系统的含义及其对应关系。

【解析】本题要求理解微处理器、微型计算机及微型计算机系统的内涵。

（1）微处理器是微型计算机系统的核心硬件部件，对系统的性能起决定性的影响，主要由运算器（包括算术逻辑部件、累加器、寄存器等）、控制部件、内部总线等组成。

（2）微型计算机指系统硬件组成，包括微处理器、存储器、I/O 接口及系统总线等。

（3）微型计算机系统是在微型计算机的基础上配上相应的外围设备和各类软件，形成一个完整的、独立的信息处理系统。

三者之间的关系如图 1-6 所示。

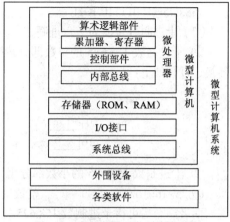

图 1-6 微处理器、微型计算机及微型计算机系统

【例 1.2】将十进制数 158.625 分别转化为二进制数、十六进制数和压缩 BCD 码。

【解析】本题可按照转换规律将给定十进制数的整数和小数部分分别进行转换。

（1）十进制数转换为二进制数

① 十进制整数转换为二进制整数：用基数 2 连续除该十进制整数，直至商等于"0"为止，然后逆序排列余数，可得相应的二进制整数值。

按照转换规律，本题十进制数的整数部分用"除 2 倒取余"方法转换，过程如下：

```
余数
2 | 158       0   低
  2 | 79      1
    2 | 39    1
      2 | 19  1
        2 | 9 1
          2 | 4 0
            2 | 2 0
              2 | 1 1   高
                  0
```

② 十进制小数转换为二进制小数：用基数 2 连续乘以该十进制小数，直至乘积小数部分等于"0"，然后顺序排列每次乘积整数部分，可得相应的二进制小数各位值。

本题十进制数小数部分采用"乘 2 顺取整"方法转换，过程如下：

整数位
$0.625 \times 2 = 1.25$ 1   高
$0.25 \times 2 = 0.5$ 0
$0.5 \times 2 = 1.0$ 1   低

注意：小数部分转换时，若乘积的小数部分一直不为"0"，可根据计算精度的要求截取一定位数。

两者组合后可得十进制数 158.625 转换为二进制数的最终结果：

158.625=(10011110.101)₂

（2）十进制数转换为十六进制数。

① 十进制数 158.625 的整数部分转换为十六进制整数，用"除 16 倒取余"的方法进行转换，过程如下：

$$
\begin{array}{r|l}
 & \text{余数} \\
16\,\underline{|\,158} & 14（十六进制数为 E） \\
16\,\underline{|\quad 9} & 9
\end{array}
$$

② 十进制数 158.625 的小数部分用"乘 16 顺取整"的方法转换，过程如下：

0.625×16=10.000   整数位 10（十六进制数为 A）

两者组合后可得十进制数 158.625 转换为十六进制数的最终结果：

158.625=(9E.A)₁₆

（3）十进制数转换为压缩 BCD 码。

十进制数转换为压缩 BCD 码时，将每位十进制数用 4 位二进制数表示即可。

1	5	8	.	6	2	5
↓	↓	↓		↓	↓	↓
0001	0101	1000	.	0110	0010	0101

所以，158.625=(101011000.011000100101)压缩 BCD

【例 1.3】将二进制数(1001.11001)₂ 分别转换为十进制数和十六进制数。

【解析】二进制数是计算机内部数值处理的基本数制，可按照转换规律分别转换为其他计数制。

（1）二进制数转换为十进制数。二进制数转换为十进制数时，用其各位所对应的系数 1（系数为 0 时可不必计算）乘以基数为 2 的相应位权，依次求和后可得对应十进制数。

本题给定的二进制数转换为十进制数过程如下：

$$(1001.11001)_2 = 1\times2^3+1\times2^0+1\times2^{-1}+1\times2^{-2}+1\times2^{-5}$$
$$=8+1+0.5+0.25+0.03125$$
$$=9.78125$$

（2）二进制数转化为十六进制数。

二进制数转化为十六进制数的方法是"四合一"。

① 整数部分：自右向左 4 位一组，不够位时补 0，每组对应一个十六进制数码。

② 小数部分：自左向右 4 位一组，不够位时补 0，每组对应一个十六进制数码。

本题中给定的二进制数转换为十六进制数过程如下：

1001	.	1100	1000
↓		↓	↓
9	.	C	8

所以，(1001.11001)₂=(9.C8)₁₆

【例 1.4】写出十进制数–26 的原码、反码和补码表示（采用 8 位二进制，最高位为符号位）。

【解析】本题要熟悉带符号数的原码、反码和补码的表示方法。

（1）原码表示：规定正数的符号位为"0"，负数的符号位为"1"，其余位为数的绝对值，得到的就是数的原码。

（2）求反码规则：对于带符号数来说，正数的反码与其原码相同，负数的反码为其原码除符号位外的各位按位取反。

（3）求补码规则：正数的补码与其原码相同，负数的补码为其反码在最低位加1。

本题先将给定十进制数转换为二进制数。采用"除2倒取余"的方法转换，过程如下：

$$
\begin{array}{r|c}
 & \text{余数} \\
2\,|\,\underline{26} & 0 \quad \text{低} \\
2\,|\,\underline{13} & 1 \\
2\,|\,\underline{6} & 0 \\
2\,|\,\underline{3} & 1 \\
2\,|\,\underline{1} & 1 \quad \text{高} \\
0 &
\end{array}
$$

即 $(26)_{10}=(11010)_2$

根据规则，可得十进制数 -26 的原码、反码和补码表示（采用8位二进制数）：

-26 的原码 $=(10011010)_2$

-26 的反码 $=(11100101)_2$

-26 的补码 $=(11100110)_2$

【例1.5】 已知 $[X]_{补码}=(01011001)_2$，求真值 X；已知 $[X]_{补码}=(11011010)_2$，求真值 X。

【解析】 本题讨论补码与其真值之间的转换。

给定某数的补码求其真值的方法：已知正数的补码，其真值等于正数补码的本身；已知负数的补码，求其真值时可将补码按位求反最后在末位加1，即得该负数补码对应的真值。

根据计算方法可得本题的结果如下：

（1）由于 $[X]_{补码}=(01011001)_2$，符号位为"0"，代表的数是正数，则其真值：

$X=+(1011001)_2$

$\quad =+(1\times2^6+1\times2^4+1\times2^3+1\times2^0)$

$\quad =+(64+16+8+1)$

$\quad =+89$

（2）由于 $[X]_{补码}=(11011010)_2$，符号位为"1"，代表的数是负数，则其真值：

$X=-([1011010]_{求反}+1)_2$

$\quad =-(0100101+1)_2$

$\quad =-(0100110)_2$

$\quad =-(1\times2^5+1\times2^2+1\times2^1)$

$\quad =-(32+4+2)$

$\quad =-38$

【例1.6】 根据ASCII码的表示，查表写出下列字符的ASCII码。

（1）3　　　　（2）8　　　　（3）a　　　　（4）A　　　　（5）Z

（6）DEL　　　（7）LF　　　（8）CR　　　（9）$　　　　（10）=

【解析】 ASCII码是美国标准信息交换代码，由7位二进制数组合而成，可表示128种字符，包括 52 个英文大小写字母、10 个阿拉伯数字、32 个专用符号、34 个控制字符等。

按照字符与 ASCII 码对应关系，本题中 10 个字符对应的 ASCII 码值如表 1-1 所示。

表 1-1　例 1.6 中字符与 ASCII 码的对应关系

字　　符	3	8	a	A	Z	DEL	LF	CR	$	=
ASCII 码	33H	38H	61H	41H	5AH	7FH	0AH	0DH	24H	3DH

1.3　思考与练习题解答

一、选择题

1. C　　　　2. A　　　　3. C　　　　4. C　　　　5. B　　　　6. C

二、填空题

1. ①包含有运算器、控制器、寄存器组及总线等部件的集成电路芯片，统一协调和控制计算机系统各部件；②微处理器；③存储器、输入/输出设备、接口电路和总线等；④功能强、可靠性高、价格低、适应性强、体积小、重量轻、维护方便。

2. ①主存储器中 RAM 和 ROM 的总和；②处理数据；③半导体存储器 RAM 和 ROM。

3. ①CPU 与其他部件之间传送数据、地址和控制信息；②数据总线、地址总线、控制总线。

4. ①数值型数据和非数值型数据；②表示数量的大小，能够进行算术运算等处理操作；③表示字符编码，在计算机中用来描述某种特定信息。

5. ①一个数及其符号在机器中的表示加以数值化；②机器数的范围、机器数的符号和机器数中小数点的位置。

6. ①128；②功能码；③信息码。

三、判断题

1. √　　　　2. ×　　　　3. √　　　　4. √

四、简答题

1. 【解答】按照 CPU 字长和功能划分，微型计算机经历了 6 代的演变，时代划分及典型芯片特点如表 1-2 所示。

表 1-2　微处理器和微型计算机时代划分及典型芯片特点

时 代 划 分	机 器 档 次	典型芯片特点
第一代 （1971—1973）	4 位和 8 位低档微处理器	Intel 4004 集成 2 300 多个晶体管，时钟频率 108 kHz，每秒 6 万次运算，寻址空间 640 B，指令系统简单，价格低廉，由它组成的 MCS-4 是世界上第一台微型计算机。Intel 8008 采用 PMOS 工艺，基本指令 48 条，时钟频率 500 kHz，集成度 3 500 晶体管/片，以它为核心组成 MCS-8 微型计算机
第二代 （1974—1977）	8 位中高档微处理器	Intel 8080 字长 8 位，采用 NMOS 工艺，集成 6 000 个晶体管，时钟频率 2 MHz，指令系统比较完善，寻址能力有所增强，运算速度提高了一个数量级
第三代 （1978—1984）	16 位微处理器	Intel 8086 采用 HMOS 工艺，集成 29 000 个晶体管，时钟频率 5MHz/ 8MHz/10MHz，寻址空间 1 MB，Intel 8088 是其简化版本。1979 年，IBM 公司采用 Intel 8086 与 8088 作为个人计算机 IBM PC 的 CPU。1982 年推出 Intel 80286，集成 13.4 万晶体管/片，时钟频率 20 MHz，性能有了很大提高，寻址空间 16 MB，访问 1 GB 虚拟地址空间，实现多任务并行处理

时 代 划 分	机 器 档 次	典型芯片特点
第四代 （1985—1992）	32 位微处理器	Intel 80386 集成 27.5 万个晶体管，时钟频率 33 MHz，数据总线和地址总线均为 32 位，具有 4 GB 物理寻址能力。芯片内部集成分段和分页存储管理部件，能管理 64 TB 的虚拟存储空间。80486 集成 120 万个晶体管，不仅集成了浮点运算部件，还把 8 KB 的一级 Cache 也集成进芯片内
第五代 （1993—1999）	超级 32 位 Pentium 微处理器	Pentium 芯片集成 310 万个晶体管，采用全新体系结构，性能大大高于 Intel 其他系列微处理器。PentiumⅢ集成 950 万个晶体管，时钟频率 500 MHz。高性能 32 位 Pentium 4 采用了 NetBurst 新式处理器结构，可更好地处理互联网用户的需求，在数据加密、视频压缩等方面性能都有较大幅度提高
第六代 （2000 年以后）	新一代 64 位微处理器 Merced	Intel 公司与 HP 公司联手开发 64 位微处理器 Merced，采用全新结构设计，称为 IA-64，具有长指令字（LIW）、指令预测、推理装入和其他一些先进技术。IA-64 架构的广泛资源、固有可扩展性和全面兼容性，将使它成为可支持更高性能的服务器和工作站的新一代处理器系统架构

2. 【解答】微型计算机硬件系统主要由微处理器、主存储器、系统总线、I/O 接口电路、主机板、外存储器和输入/输出设备等部件组成。各部分的主要功能和特点分析如下：

（1）微处理器：微型计算机核心部件，包含运算器、控制器、寄存器组及总线接口等部件。负责对系统各模块进行统一的协调和控制。

（2）主存储器：微型计算机中存储程序、原始数据、中间结果和最终结果等各种信息的部件，由随机存储器（RAM）和只读存储器（ROM）组成。

（3）系统总线：CPU 与其他部件间传输数据、地址和控制信息的公共通道。信号通过总线相互传输，可分成数据总线、地址总线和控制总线。

（4）I/O 接口电路：微型计算机与外围设备交换信息的桥梁，由寄存器组、专用存储器和控制电路等组成。所有外围设备通过各自接口电路连接到微型计算机系统总线上。

（5）主机板：由 CPU、RAM、ROM、I/O 接口电路及系统总线组成的计算机装置简称"主机"。主机的主体是主机板，其上有 CPU 插槽、内存插槽、扩展插槽、主板电源插槽、磁盘接口、主控芯片组、BIOS 芯片、CMOS 电池以及各种外围设备的输入/输出端口等。

（6）外存储器：微型计算机中常用外存分为磁盘及光盘存储器。通常由盘片、磁盘或光盘驱动器和驱动器接口电路组成。

（7）输入/输出设备：计算机中最常用的输入设备是键盘、鼠标、扫描仪等，最常用的输出设备是显示器和打印机等。

3. 【解答】计算机系统软件的主要特点是简化计算机的操作，支持应用软件的运行并提供相关服务，通常包括操作系统、语言处理程序等。

其功能和特点简介如下：

（1）操作系统是用户和计算机系统间的接口，用户通过操作系统提供的命令调用有关程序来使用计算机。操作系统可管理磁盘、输入/输出、CPU、内存储器及处理中断等。各种实用程序、语言处理程序及应用程序都在操作系统管理和控制下运行。

（2）语言处理程序：计算机语言是人与计算机进行交流的工具，计算机能直接识别机器语言，也能经过编译处理用汇编语言和高级程序设计语言编制的程序。

4. 【解答】计算机中的数据分为两类：一类用来表示量的大小，能够进行算术等运算，如二进制数、十进制数、十六进制数，还有表示带符号数的原码、反码、补码等形式；另一类是编码，在计算机中描述某种信息，如通用的美国信息交换标准代码（ASCII 码）和二–十进制编码（BCD 码）。

计算机中不同数制转换时可遵循的规律如表 1–3 所示。

表 1–3　各种计数制之间的转换规律

计数制转换要求	相应转换遵循的规律
十进制整数转换为二进制（或十六进制）整数	采用基数连续去除该十进制整数，直至商等于"0"为止，然后逆序排列所得到的余数
十进制小数转换为二进制（或十六进制）小数	连续用基数去乘该十进制小数，直至乘积的小数部分等于"0"，然后顺序排列每次乘积的整数部分
二进制数或十六进制数转换为十进制数	用其各位所对应的系数，按照"位权展开求和"的方法即可得到
二进制数转换为十六进制数	从小数点开始分别向左或向右，将每 4 位二进制数分成 1 组，不足 4 位的补 0，然后将每组用一位十六进制数表示即可
十六进制数转换为二进制数	将每位十六进制数用 4 位二进制数表示即可

5.【解答】ASCII 码用于给西文字符编码，包括大小写英文字母、数字、专用字符和控制字符等。该编码由 7 位二进制数组合而成，可表示 128（2^7）种字符。按功能分为 94 个信息码和 34 个功能码。信息码供书写程序和描述命令用，能显示和打印；功能码在计算机系统中起各种控制作用，只表示某种特定操作，不能显示和打印。

BCD 码专门解决用二进制数表示十进制数的问题。

最常用的是 8421–BCD 编码，采用 4 位二进制数表示 1 位十进制数，自左至右每一个二进制位对应位权是 8、4、2、1。BCD 码分为压缩 BCD 码和非压缩 BCD 码，前者用 4 位二进制数来表示 1 位十进制数，后者用 8 位二进制数来表示 1 位十进制数。

五、数制转换题

1.【解答】本题按照数制的转换规律进行相应处理，为简化计算，十进制数转换为二进制数时取小数点后 4 位。

（1）$25.82=(11001.1101)_2$

$\qquad =(19.D)_{16}$

$\qquad =(00100101.10000010)_{压缩\ BCD}$

（2）$412.15=(110011100.0010)_2$

$\qquad =(19C.2)_{16}$

$\qquad =(010000010010.00010101)_{压缩\ BCD}$

（3）$513.46=(1000000001.0111)_2$

$\qquad =(201.7)_{16}$

$\qquad =(010100010011.01000110)_{压缩\ BCD}$

（4）$69.136=(1000101.0010)_2$

$\qquad =(45.2)_{16}$

$\qquad =(01101001.000100110110)_{压缩\ BCD}$

2.【解答】按照数制的转换规律可得到如下结果：

（1）$(111001.101)_2=(57.625)_{10}$

$\qquad =(39.A)_{16}$

（2）$(110010.1101)_2 = (50.8125)_{10}$

$= (32.D)_{16}$

（3）$(1011.11011)_2 = (11.84375)_{10}$

$= (B.D8)_{16}$

（4）$(101101.0111)_2 = (45.4375)_{10}$

$= (2D.7)_{16}$

3. 【解答】根据数制的转换规律可得到以下结果：

（1）$(7B.21)_{16} = (1111011.00100001)_2$

$= (123.129)_{10}$

$= (100100011.000100101001)_{BCD}$

（2）$(127.1C)_{16} = (100100111.00011100)_2$

$= (295.109375)_{10}$

$= (1010010101.000100001001001101110101)_{BCD}$

（3）$(6A1.41)_{16} = (11010100001.01000001)_2$

$= (1697.254)_{10}$

$= (1001010010111.001001010100)_{BCD}$

（4）$(2DF3.4)_{16} = (10110111110011.0100)_2$

$= (11763.25)_{10}$

$= (10001011101100011.00100101)_{BCD}$

4. 【解答】根据带符号数的表示方法，数的最高位为符号位，正数取"0"，负数取"1"，其余位按规则计算，可得给定十进制数的原码、反码和补码。

本题答案采用 8 位二进制数表示，如表 1–4 所示。

表 1–4 给定十进制数所对应的原码、反码、补码

十 进 制 数	96	31	−42	−115
原码	01100000	00011111	10101010	11110011
反码	01100000	00011111	11010101	10001100
补码	01100000	00011111	11010110	10001101

5. 【解答】已知某数的补码求其真值，计算方法是：正数补码的真值等于补码的本身；负数补码转换为其真值时，将补码按位求反末位加 1，可得负数补码对应的真值。

本题中先将给定补码换算成二进制数，然后根据符号位判断该数的正负，再根据计算方法进行处理。

（1）$[X]_{补码} = (92)_{16} = (10010010)_2$

由于符号位为"1"，故$[X]_{补码}$代表的数是负数，其真值为：

$$X = -([0010010]_{求反}+1)_2$$
$$= -(1101101+1)_2$$
$$= -(1101110)_2$$
$$= -110$$

（2）$[X]_{补码} = (8D)_{16} = (10001101)_2$

由于符号位为"1"，故$[X]_{补码}$代表的数是负数，其真值为：

$$X=-([0001101]_{求反}+1)_2$$
$$=-(1110010+1)_2$$
$$=-(1110011)_2$$
$$=-115$$

（3）$[X]_{补码}=(B2)_{16}=(10110010)_2$

由于符号位为"1"，故$[X]_{补码}$代表的数是负数，其真值为：

$$X=-([0110010]_{求反}+1)_2$$
$$=-(1001101+1)_2$$
$$=-(1001110)_2$$
$$=-78$$

（4）$[X]_{补码}=(4C26)_{16}=(0100110000100110)_2$

由于符号位为"0"，故$[X]_{补码}$代表的数是正数，其真值为：

$$X=(100110000100110)_2$$
$$=19494$$

6. 【解答】根据字符与 ASCII 码的对应关系，可查到相应字符的 ASCII 码，如表 1-5 所示。

表 1-5　给定字符所对应的 ASCII 码

字　　符	a	K	G	+	DEL	SP	CR
ASCII 码	61H	4BH	47H	2BH	7FH	20H	0DH

典型微处理器 ‹‹‹

学习要点：

- 微处理器的主要性能指标及基本功能。
- 8086 微处理器的内部结构和外部引脚。
- 8086 存储器和 I/O 组织。
- 8086 时序控制及总线操作。
- 8086 最小/最大工作方式。
- 32 位微处理器组成结构和特点。

2.1 本章重点知识

2.1.1 典型微处理器主要性能指标及基本功能

1. 典型微处理器的主要性能指标

微处理器主要性能指标体现在以下几方面：

（1）主频、外频、倍频：主频是微处理器的时钟频率；外频是系统总线的工作频率；倍频是微处理器外频与主频相差的倍数。三者关系为：主频=外频×倍频。

（2）内存总线速度：微处理器与二级高速缓存和内存之间的通信速度。

（3）扩展总线速度：CPU 与扩展设备之间的数据传输速度。

（4）地址总线宽度：决定微处理器可访问的物理地址空间，即最大内存容量。

（5）数据总线宽度：决定微处理器与二级高速缓存、内存及输入/输出设备间一次数据传输的信息量。

（6）高速缓存（Cache）：影响微处理器性能的一个重要因素，在微处理器中内置 Cache 可提高处理器的运行效率。

2. 微处理器的基本功能

微处理器具有以下四方面基本功能：

（1）指令控制：即程序的顺序控制。

（2）操作控制：将指令产生的一系列控制信号分别送往相应的部件，完成规定的工作。

（3）时间控制：主要包括时序控制和总线操作。

（4）数据加工：对数据或信息的各种处理功能。

2.1.2 微处理器的内部结构和外部引脚

1. 8086 微处理器的内部结构

8086 微处理器从功能上划分为执行部件（EU）和总线接口部件（BIU）。

（1）EU 的主要功能是从 BIU 指令队列中取出指令代码，经指令译码器译码后执行指令规定的全部功能，利用内部寄存器和算术逻辑运算单元通过数据总线产生访问内存的 16 位有效地址。

EU 由算术逻辑运算单元（ALU）、标志寄存器、数据暂存寄存器、通用寄存器组和控制电路等部件组成。

（2）BIU 的主要功能是根据 EU 的请求，负责管理和完成 CPU 与存储器或 I/O 设备之间的数据传输。

BIU 由段地址寄存器、指令指针寄存器、指令队列缓冲器及地址加法器和总线控制电路等部件组成。

8086 微处理器中的 BIU 和 EU 采用并行工作方式，使整个程序运行期间 BIU 总是忙碌的，充分利用了总线，极大地提高了 CPU 的工作效率，加快了整机的运行速度，也降低了 CPU 对存储器存取速度的要求，这成为 8086 的突出优点。

2．8086 微处理器的寄存器结构

8086 微处理器中可供编程使用的有 14 个 16 位寄存器，按用途分为以下 4 类：

（1）通用寄存器 4 个，包括 AX、BX、CX、DX，这 4 个寄存器可根据需求各分为两个 8 位通用寄存器，即 AH、AL、BH、BL、CH、CL、DH、DL。

（2）专用寄存器 4 个，包括 SP、BP、SI、DI。

（3）段寄存器 4 个，包括 CS、DS、ES、SS。

（4）指令指针 IP 和标志寄存器 FLAG 各 1 个。

3．8086 微处理器的外部引脚特性

8086 微处理器采用双列直插式封装形式，具有 40 条引脚，按作用可分为 5 类：

（1）地址/数据总线 16 条，作为分时复用的存储器或 I/O 端口的地址/数据总线。

（2）地址/状态线 4 条，作为地址总线的高 4 位或状态信号。

（3）控制总线 9 条，用于对总线进行读/写操作或控制。

（4）电源线和地线 3 条。

（5）其他控制线 8 条，其性能将根据方式控制线 MN/MX 所处的状态而定。

2.1.3 存储器的内部结构及 I/O 端口组织

1．存储器的内部结构及访问方法

8086 微处理器有 20 条地址总线，可访问存储器空间为 1 MB，这 1 MB 存储空间被分成两个 512 KB 存储体，分别叫高位库（奇地址存储体）和低位库（偶地址存储体）。

两个存储体间采用字节交叉编址方式，任何一个存储体只需 19 位地址码 $A_{19} \sim A_1$，最低位地址码 A_0 用以区分当前访问哪一个存储体。$A_0=0$ 时表示访问偶地址存储体；$A_0=1$ 时表示访问奇地址存储体。

2．存储器分段

8086 微处理器中，20 条地址总线可寻址存储空间 1 MB，而 8086 系统内所有寄存器都只有 16 位，只能寻址 64 KB。

为解决这个问题，把整个存储空间分成若干逻辑段，每个逻辑段最大容量 64 KB，通常将段起始地址的高 16 位地址码称为"段基址"，存放在 4 个段寄存器（CS、DS、ES、SS）中。段内偏移地址可用 8086 的 16 位通用寄存器（如 BX、IP、BP、SP、SI、DI）来存放，通常称"偏移量"。

工作时，允许段首地址在整个存储空间浮动，这样，只要通过段地址和段内偏移地址就可访问 1 MB 内任何一个存储单元。

3．存储器中的逻辑地址和物理地址

在采用分段结构的 8086 存储器中，任何一个逻辑地址都由段基址和段内偏移地址构成，它们都是无符号 16 位二进制数，书写时采用 4 位十六进制数表示。

例如，给定逻辑地址 7F30:0110，表示段基址为 7F30H，段内偏移地址为 0110H。

任何一个存储单元都对应一个 20 位物理地址，可通过逻辑地址变换得到，其计算公式为：

物理地址=段基值×10H+偏移地址

4．I/O 端口组织

8086 微处理器用地址总线的低 16 位作为对 8 位 I/O 端口的寻址线，所以 8086 可访问的 8 位 I/O 端口有 65536 个。两个编号相邻的 8 位端口可组成一个 16 位端口。一个 8 位的 I/O 设备既可连接在数据总线的高 8 位上，也可连接在数据总线的低 8 位上。

8086 的 I/O 端口有以下两种编址方式：

（1）统一编址：将 I/O 端口地址置于 1 MB 存储器空间中统一编址，把外设端口看作存储器单元对待。CPU 访问存储器的各种寻址方式都可用于寻址端口，访问端口和访问存储器的指令在形式上完全一样。

（2）独立编址：将端口单独编址构成一个 I/O 空间，不占用存储器地址。CPU 设置了专门的输入和输出指令（IN 和 OUT）来访问端口。

2.1.4 总线周期及工作方式

1．8086 的总线周期

"时钟周期"是 CPU 基本时间计量单位，由计算机主频决定。CPU 从存储器或 I/O 端口中存取一个数据所用的时间称为"总线周期"。一个基本总线周期至少由 4 个时钟周期组成，每个时钟周期称为"T 状态"，用 T_1、T_2、T_3 和 T_4 表示。

在 T_1 状态，CPU 将存储地址或 I/O 端口地址置于总线上。若要将数据写入存储器或 I/O 设备，则在 $T_2 \sim T_4$ 这段时间内，要求 CPU 在总线上一直保持要写的数据；若要从存储器或 I/O 设备读入信息，则 CPU 在 $T_3 \sim T_4$ 期间接收由存储器或 I/O 设备置于总线上的信息。

若在两个总线周期间存在 BIU 不执行任何操作的时钟周期，称为"空闲状态"，用 T_i 表示。为实现 CPU 与慢速存储器和 I/O 接口交换信息时的速度匹配，可在总线周期中插入 1 个或多个"等待状态"T_W，用来给予必要的时间补偿。

2．8086 微处理器的最小/最大工作方式

（1）最小工作方式是指系统中只有 8086 一个微处理器，是一个单处理器系统。系统中所有总线控制信号都直接由 8086 微处理器产生，总线控制逻辑电路被减到最少。最小工作方式系统适合于较小规模的应用。

把 8086 微处理器的 33 引脚 MN/$\overline{\text{MX}}$ 接+5 V 时，8086 微处理器处于最小工作方式。

（2）最大工作方式是指系统包含两个或多个微处理器，其中一个为主处理器 8086，其他处理器称协处理器。与 8086 匹配的协处理器有两个，一个是专用于数值运算的处理器 8087，另一个是专用于输入/输出处理的协处理器 8089。此时，8086 不直接提供用于存储器或 I/O 端口读/写命令等控制信号，而是由总线控制器 8288 产生相应控制信号。

把 8086 微处理器的 33 引脚 MN/$\overline{\text{MX}}$ 接地时，8086 微处理器处于最大工作方式。

2.1.5　8086 微处理器操作时序

微型计算机系统按照规定的功能要求需执行许多操作，这些操作在时钟信号控制下，按操作时序一步步地执行。

8086 的主要操作有以下几种：

（1）系统复位和启动操作。

（2）总线操作。

（3）暂停操作。

（4）中断响应总线周期操作。

（5）总线保持请求/保持响应操作。

2.1.6　32 位微处理器简介

1. 80x86 微处理器

（1）80386 微处理器：Intel 80386 芯片集成 27.5 万个晶体管，采用 132 引脚陶瓷网格阵列（PGA）封装，具有高可靠性和紧密性。微处理器内部由总线接口部件、指令预取部件、指令译码部件、控制部件、数据部件、保护测试部件、分段部件和分页部件等功能部件组成。

80386 主要特性：提供 32 位指令，支持 8 位、16 位和 32 位的数据类型；提供 32 位外部总线接口，最大数据传输速率为 32 Mbit/s；片内集成存储器管理部件 MMU 可支持虚拟存储和特权保护；具有实地址方式、保护方式和虚拟 8086 三种工作方式；可直接寻址 4 GB（2^{32}B）物理存储空间，虚拟存储空间 64 TB；通过配用数值协处理器可支持高速数值处理。

（2）80486 微处理器：Intel 80486 采用 CHMOS 工艺，芯片集成 120 万个晶体管，时钟频率 25~50 MHz。在 80386 原有部件基础上新增高性能浮点运算 FPU 和高速缓冲存储器 Cache 两个部件。80486 以提高速度和支持多处理器机构为目标，其内部结构包括总线接口、片内高速缓冲存储器 Cache、指令预取、指令译码、控制/保护、整数、浮点运算、分段和分页等 9 个功能部件。

80486 主要特性：在 CISC 技术基础上，首次采用 RISC 技术，有效地减少了指令时钟周期个数；芯片上集成部件多，集 Cache 与 FPU 为一体，提高了微处理器处理速度；采用突发式总线与内存进行高速数据交换，大大加快微处理器与内存交换数据的速度；增加了多处理器指令和增强了多重处理系统；具有机内自测试功能，可广泛地测试片上逻辑电路、超高速缓存和片上分页转换高速缓存。

2. Pentium 系列微处理器

Pentium 系列微处理器包括 Pentium、Pentium Pro、Pentium MMX 到 Pentium Ⅱ、Pentium Ⅲ、Pentium 4 等，Intel 公司通过改变 CPU 的工作频率、二级缓存的大小、产品制造工艺等来不断提高微处理器的性能。

（1）Pentium 微处理器的主要特点：拥有全新的结构与功能，采用超标量指令流水线结构，与 80x86 系列微处理器完全兼容；采用 RISC 型超标量结构；具备高性能浮点运算器；采用双重分离式高速缓存；增强了错误检测与报告功能；为了大幅度提高数据传输速率而使用 64 位的数据总线；处理器内部采用分支预测技术；常用指令固化及微代码改进；系统管理方式具有实地址方式、保护方式、虚拟 8086 方式以及具有特色的系统管理方式（SMM）等。

（2）Pentium 微处理器的主要部件：包括总线接口部件、指令高速缓存器、数据高速缓存器、指令预取部件（指令预取缓冲器）与转移目标缓冲器、寄存器组、指令译码部件、具有两条流水线的整数处理部件（U 流水线和 V 流水线）、拥有加乘除运算且具有多用途电路的流水浮点处理部件 FPU 等。

（3）Pentium 4 微处理器：采用 NetBurst 的处理器结构，可更好地处理互联网用户的需求，在数据加密、视频压缩和对等网络等方面的性能都有较大幅度的提高。

Pentium 4 微处理器主要特征：采用超级流水线技术，使 CPU 指令运算速度成倍增长；快速执行引擎使处理器的算术逻辑单元达到了双倍内核频率，实现了更高的执行吞吐量，缩短了等待时间；执行追踪缓存，用来存储和转移高速处理所需的数据；高级动态执行，可使微处理器识别平行模式，并且对要执行的任务区分先后次序，以提高整体性能；具备 400 MHz 的系统总线，可使数据以更快的速度进出微处理器；增加了 114 条新指令，主要用来增强微处理器在视频和音频等方面的多媒体性能；为用户提供更加先进的技术，为因特网、图形处理、数据流视频、语音、3D 和多媒体等多种应用模式提供了强大的功能。

2.2　典型例题解析

【例 2.1】简述 8086 微处理器的组成部件，分析其主要功能。

【解析】8086 微处理器由执行部件（EU）和总线接口部件（BIU）两大模块组成。EU 负责从指令队列中取指令代码，然后执行指令所规定的操作。BIU 根据 EU 的请求，负责完成 CPU 与存储器或 I/O 设备之间的数据传输。

EU 中各组成部件功能分析如下：

（1）算术逻辑单元（ALU）：用于算术逻辑运算，按寻址方式计算 16 位偏移地址（有效地址 EA），并将其送 BIU 中形成 20 位物理地址，实现对 1 MB 存储空间寻址。

（2）标志寄存器 FLAG：反映 CPU 最近一次运算结果的状态特征或存放控制标志。

（3）数据暂存寄存器：协助 ALU 完成运算，暂存参加运算的数据。

（4）通用寄存器组：4 个 16 位数据寄存器 AX、BX、CX、DX 用来寄存 16 位或 8 位数据；4 个 16 位地址指针与变址寄存器 SP、BP、SI、DI 用于辅助处理。

（5）EU 控制电路：接收从 BIU 指令队列中取来的指令，经指令译码形成各种定时控制信号，对 EU 各部件实现特定的定时操作。

BIU 中相关部件功能分析如下：

（1）指令队列缓冲器：存放 6 字节指令代码，按"先进先出"的原则进行存取操作。

（2）地址加法器和段寄存器：用于形成 20 位的存储器物理地址。

（3）指令指针寄存器（IP）：存放 BIU 要取的下一条指令的段内偏移地址。

（4）总线控制电路：产生外部总线操作时的相关控制信号。

（5）内部通信寄存器：暂存总线接口部件（BIU）与执行部件（EU）间交换的信息。

【例2.2】简述8086微处理器指令执行的操作过程。

【解析】8086微处理器按照指令的排列顺序来操作，在微处理器内部用到执行部件（EU）和总线接口部件（BIU）。

操作过程如下：

（1）BIU在CS中取出指令的16位段地址，再从IP中取出指令的16位偏移地址，经地址加法器形成20位物理地址，把该地址送地址总线，并找到该地址所在的内存单元，从指定单元取出指令依次放入指令队列中。指令按"先进先出"的原则存放和执行。

（2）当8086指令队列中有2个空字节时，BIU会自动从内存单元中取出新指令放到指令队列中。

（3）EU从BIU指令队列中取出指令代码并执行。执行过程中，如需访问存储器或输入/输出设备，EU会请求BIU进入总线周期去完成访问内存或输入/输出端口的操作。

（4）当指令队列已满且EU对BIU又没有总线访问请求时，BIU便进入空闲状态。

（5）在执行转移指令、调用指令和返回指令时，指令队列中原有内容被清除，BIU会接着向指令队列中装入另一个程序段中的指令。

【例2.3】分析8086微处理器的寄存器结构，各类寄存器的功能是什么？

【解析】8086微处理器中供编程使用的有14个16位寄存器，按用途分为3类：通用寄存器8个（其中4个数据寄存器可分为8个8位寄存器）、控制寄存器2个、段寄存器4个。

各类寄存器功能如下：

（1）通用寄存器：存放操作数，可减少访问存储器的次数，缩短程序长度，提高数据处理速度。数据寄存器主要存放操作数或中间结果，地址指针寄存器SP、BP和变址寄存器SI、DI一般存放地址偏移量。

（2）控制寄存器：指令指针寄存器（IP）是一个16位寄存器，存放EU要执行的下一条指令偏移地址，用以控制程序中指令执行顺序。标志寄存器（FLAGS）是一个16位寄存器，共9个标志，其中6个状态标志反映EU执行算术和逻辑运算后的结果特征；3个控制标志用来控制CPU的工作方式或工作状态。

（3）段寄存器：存放每个逻辑段的段起始地址。CS给出当前代码段起始地址，DS指向程序当前使用的数据段，SS给出程序当前使用的堆栈段，附加段（ES）也用来存放数据。

【例2.4】分析8086存储器的内部结构及访问方法。

【解析】8086微处理器有20条地址线，可寻址存储器空间1 MB（2^{20} B），地址范围为00000H~FFFFFH。

存储器内部按字节进行组织，两个相邻字节称为一个"字"，在一个字中的每个字节用一个唯一的地址码表示。

1 MB存储空间被分成两个512 KB存储体，分别叫低位库和高位库。低位库固定与8086低位字节数据线D_7~D_0相连，该存储体中每个地址均为偶地址。高位库与8086高位字节数据线D_{15}~D_8相连，该存储体中每个地址均为奇地址。两个存储体间采用字节交叉编址方式。

对于任一个存储体只需19位地址码A_{19}~A_1，最低位地址码A_0用以区分当前访问哪一个存储体。A_0=0表示访问偶地址存储体；A_0=1表示访问奇地址存储体。

【例2.5】8086存储器内部如何分段？怎样理解物理地址并进行计算？

【解析】8086 的 20 条地址线能访问 1 MB 存储空间。8086 内部寄存器是 16 位，寻址内存空间只有 64 KB，所以 8086 系统采用地址分段的方法，将 1 MB 空间分段，每段最多 64 KB。段基址存放在 CS、DS、SS 和 ES 这 4 个段寄存器内，各段位置可分开，也可重叠。

物理地址（PA）是指 CPU 和存储器进行数据交换时实际使用的地址，由段基址和偏移地址两部分组成。段基址由段寄存器给出，偏移地址（也称有效地址 EA）是所要访问的内存单元离段起始地址的偏移距离，一般由 IP、DI、SI、BP、SP 等 16 位寄存器给出。当 CPU 寻址某个存储单元时，先将段寄存器的内容左移 4 位，然后加上指令中提供的 16 位偏移地址形成 20 位物理地址。

存储器物理地址计算公式：物理地址=段基值×10H + 偏移地址。

【例 2.6】如何理解 8086 最大和最小工作方式？两者的主要特点是什么？

【解析】8086 最大工作方式包含两个或两个以上微处理器，其中一个主处理器 8086，其他处理器称为协处理器，如用于数值运算的协处理器 8087，用于输入/输出大量数据的协处理器 8089；最小工作方式指系统中只有 8086 一个微处理器，可组成最简单的应用系统。

两种工作方式的主要特点如下：

（1）最小工作方式时，系统只有一个微处理器，因此，系统中的总线控制逻辑电路被减到最小，且系统所有的控制信号全部由 8086 提供。

（2）最大工作方式时，系统由多个微处理器构成多机系统，控制信号通过总线控制器产生，且系统资源由各处理器共享。

【例 2.7】给定两个 16 位字数据 1234H 和 5678H，在存储器中物理地址分别为 10100H 和 10104H，画出两个字数据的存储示意图。

【解析】存储示意如图 2-1 所示。存放时要注意每个单元放 1 字节数据，且低字节在前，高字节在后，相邻的两个单元存放 1 个字数据。

【例 2.8】已知字符串"Hello！"的 ASCII 码，在内存中将它们的值依次存入从物理地址为 10130H 开始的字节单元中，并画出它们的存放示意图。

【解析】根据 ASCII 码表可查到，字符串"Hello!"的 ASCII 码分别为 48H、65H、6CH、6CH、6FH、21H，要注意字符在内存单元中是按照排列顺序依次存放的，每个单元存放 1 个字符的 ASCII 码，存放示意如图 2-2 所示。

存储内容	存储地址		存储内容	存储地址
34H	10100H		48H	10130H
12H	10101H		65H	10131H
	10102H		6CH	10132H
	10103H		6CH	10133H
78H	10104H		6FH	10134H
56H	10105H		21H	10135H

图 2-1 数据的存储示意图　　　　图 2-2 字符的存储示意图

【例 2.9】已知堆栈段寄存器(SS)=1200H，堆栈指针(SP)=0410H，计算该堆栈栈顶的实际地址，并画出该堆栈的指针和栈底位置示意图。

【解析】由于堆栈段寄存器(SS)=1200H，堆栈指针(SP)=0410H，故堆栈栈顶的实际地址即物理地址为：

PA =(SS)×10H+(SP)

=1200H×10H+0410H

=12410H

保存在堆栈区域内的数据将从 12410H 地址开始存储，每个单元存放一个字节数据。堆栈指针和栈底位置示意如图 2-3 所示。

【例 2.10】简述 Pentium 微处理器的内部结构特点。

【解析】Pentium 微处理器的内部结构主要包括总线接口部件、指令高速缓存器、数据高速缓存器、指令预取部件（指令预取缓冲器）与转移目标缓冲器、寄存器组、指令译码部件、具有两条流水线的整数处理部件（U 流水线和 V 流水线）、拥有加、乘、除运算且具有多用途电路的流水浮点处理部件（FPU）等。

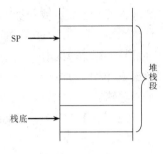

图 2-3　堆栈示意图

数据高速缓存有两个端口，分别用于两条流水线。数据高速缓存有一个专用的转换后援缓冲器（TLB），用来把逻辑地址转换成数据高速缓存所用的物理地址。

指令高速缓存、分支目标缓存器和预取缓冲器负责将原始指令送入微处理器执行部件。指令取至高速缓存或外部总线，转移地址由分支目标缓冲器进行记录，指令高速缓存的 TLB 将线性地址转换为高速缓冲器所用的物理地址。译码部件将预取的指令译成微处理器可执行的控制信号。

2.3　思考与练习题解答

一、选择题

1. A　　　2. B　　　3. B　　　4. B　　　5. B　　　6. B　　　7. D

二、填空题

1. ①执行部件（EU）；②总线接口部件（BIU）；③从 BIU 指令队列中取出指令代码，经指令译码后执行指令规定的全部功能；④根据 EU 请求，完成 CPU 与存储器或 I/O 设备间数据传送。

2. ①CS；②IP。

3. ①可屏蔽中断请求信号 INTR；②非屏蔽中断请求信号 NMI。

4. ①9；②6；③状态；④3；⑤控制。

5. ①分段；②物理；③要寻址的内存单元距本段段首的偏移量；④程序中使用以及物理地址的计算。

6. ①10230H；②1000H；③0230H。

7. ①CPU 基本时间计量单位，由主频来决定；②执行总线操作所需时间；③经外部总线对存储器或 I/O 端口进行一次信息输入或输出的过程。

8. ①+5V 高电平；②多处理器系统和单处理器系统。

三、判断题

1. ×　　　2. √　　　3. ×　　　4. √　　　5. √　　　6. √

四、简答题

1. 【解答】8086 微处理器中的指令队列是一组寄存器，用来暂存从存储器中取出的指令。其长度为 6 字节，即每次可保存 6 字节的指令集。

2. 【解答】计算机存储器中给每个逻辑段编址的地址称为逻辑地址。逻辑地址是在程序中使用的地址，它由段地址和偏移地址两部分构成。

物理地址是存储器实际地址，是 CPU 和存储器进行数据交换时所使用的地址。8086 物理地址由段地址左移 4 位加偏移地址形成，在 BIU 中通过地址加法器实现。

3. 【解答】由于 8086 微处理器提供 20 位地址总线，可寻址 1 MB 存储空间，而 8086 内部寄存器都是 16 位，其寻址范围只能达到 64 KB。因此，为实现对存储器寻址取得 20 位物理地址，可将 1 MB 存储空间划分成若干逻辑段，每个逻辑段最多包含 64 KB。各逻辑段间可相互独立，也可连续排列或相互重叠，还可分开一段距离。

4. 【解答】I/O 端口有统一编址和独立编址两种编址方式。8086 的最大 I/O 寻址空间为 64 KB。

5. 【解答】8086 微处理器有最小和最大工作方式两种工作状态，两者之间的主要区别如下：

（1）8086 工作在最小方式时，CPU 的 33 引脚 MN/$\overline{\text{MX}}$ 接+5V，此时系统只有一个微处理器，且系统所有的控制信号全部由 8086 微处理器提供。

（2）8086 工作在最大方式时，CPU 的 33 引脚 MN/$\overline{\text{MX}}$ 接地，此时系统由两个以上的微处理器组成，其中一个为主处理器 8086，另一个为协处理器，组合后构成多处理器系统，系统的控制信号通过总线控制器产生，各处理器可共享系统资源。

最小方式一般用于简单的单处理器系统，是一种最小构成，该系统功能比较简单，成本较低；最大方式用在中等规模的多处理器系统中，系统配置要比最小方式复杂，如要增加总线控制器 8288 和中断控制器 8259A 等，但其处理功能要丰富得多。

6. 【解答】实地址方式下，仅使用段管理机构而不用分页机构，即内存空间最大为 1 MB，采用段地址寻址的存储方式，每个段最大为 64 KB。

虚拟 8086 模式下，是在保护模式下建立的 8086 工作模式。保护模式下存储器寻址空间为 1 MB，仍然可以使用分页管理将 1 MB 划分为 256 个页，每页 4 KB。

7. 【解答】Pentium 微处理器的主要特点有以下几方面：

（1）与 80×86 微处理器完全兼容。

（2）芯片集成度高，时钟频率高。

（3）数据总线带宽增加，内部总线为 32 位，外部数据总线宽度为 64 位。

（4）片内采用分立的指令 Cache 和数据 Cache 结构，可无冲突地同时完成指令预取和数据读/写。

（5）采用 RISC 型超标量结构。

（6）高性能的浮点运算器，使得浮点运算速度比 80486DX 要快 3~5 倍。

（7）双重分离式高速缓存。

（8）增强了错误检测与报告功能。

（9）分支指令预测。

（10）常用指令固化及微代码改进。

（11）具有实地址方式、保护方式、虚拟 8086 方式及 SMM（系统管理方式）。

（12）软件向上兼容。

五、分析题

1. 【解答】在内存中，10 个字的数据要占 20 个存储单元，转换成十六进制数为 14H，由于数据存放时以偶地址开始，计算实际地址时要注意其偏移地址是从 0000H 到 0013H。

本题的数据区首末单元实际地址计算如下：

$$数据区首地址 = 1200H \times 10H + 0120H$$
$$= 12120H$$
$$数据区末地址 = 12120H + 0013H$$
$$= 12133H$$

2. 【解答】题目中给出了代码段的基地址和指令指针的偏移地址，程序段启动时按当前指令的所处位置开始操作。

本题指令执行的实际地址（即物理地址）为：

$$PA = (CS) \times 10H + (IP)$$
$$= 33A0H \times 10H + 0130H$$
$$= 33B30H$$

3. 【解答】在内存中一个字数据占两个存储单元，按指定的存储位置，字数据的低字节在前，高字节在后，存储示意如图 2-4 所示。

4. 【解答】在内存中，字符串 "Good!" 的 ASCII 码是依次按存储地址由低到高存放的，其存放位置示意如图 2-5 所示。

存储内容	存储地址
DAH	00130H
31H	00131H
	00132H
	00133H
7FH	00134H
5EH	00135H

图 2-4 数据的存储示意图

存储内容	存储地址
47H	01250H
6FH	01251H
6FH	01252H
64H	01253H
21H	01254H

图 2-5 字符的存储示意图

5. 【解答】本题要理解总线操作的相关内容，相关问题解答如下：

（1）8086 微处理器读/写总线周期包含 4 个时钟周期，每个时钟周期称为 T 状态，用 T_1、T_2、T_3 和 T_4 表示。

（2）当系统中所用的存储器或外设工作速度较慢，不能用基本总线周期进行读/写操作时，就会在 T_3 和 T_4 之间插入一个或多个等待状态 T_W，用来给予必要的时间补偿。

（3）当存储器或外围设备完成数据读/写准备时，便在 READY 线上发出有效信号，CPU 接到此信号后会自动脱离 T_W 而进入 T_4 状态。

（4）如果在两个总线周期之间存在着 BIU 不执行任何操作的时钟周期，这些不起作用的时钟周期称为空闲状态，用 T_I 表示。

寻址方式与指令系统 ‹‹‹   第3章

学习要点：

- 8086 指令格式及寻址方式。
- 8086 指令系统及其应用。
- DOS 功能调用和 BIOS 中断调用。
- Pentium 微处理器新增寻址方式和专用指令。

3.1 本章重点知识

3.1.1 指令系统与指令格式

1. 指令与指令系统的概念

（1）指令是要求计算机执行特定操作的命令，一条指令对应一种特定操作，如加、减、传送、移位等。

（2）指令系统是计算机所能执行的全部指令的集合，是计算机硬件和软件之间的桥梁，是汇编语言程序设计的基础。

计算机指令以二进制编码的形式存放在存储器中，用二进制编码形式表示的指令称为机器指令。用符号表示的指令称为汇编指令，具有直观、易理解的特点。汇编指令与机器指令具有一一对应的关系，且每种机器的 CPU 指令系统的指令都有几十条、上百条之多。

2. 指令格式

计算机的指令格式与机器字长、存储器容量及指令功能有很大关系。为指出数据来源、操作结果去向及所执行的操作，指令包含操作码字段和操作数字段两部分。

（1）操作码字段：规定指令的操作类型，说明计算机要执行的具体操作，如传输、运算、移位、跳转等操作，是指令中必不可少的组成部分。

（2）操作数字段：说明在指令执行过程中需要的操作数，可以是操作数本身，也可以是操作数地址或是地址的一部分，还可以是指向操作数的地址指针或其他有关操作数据的信息。

操作数字段可以有 1 个、2 个或 3 个，分别称为单地址指令、双地址指令和三地址指令。8086 的指令格式由 1~6 字节组成，其中操作码字段为占 1~2 字节，操作数字段占 0~4 字节，每条指令的具体长度将根据指令的操作功能和操作数的形式而定。

3.1.2 寻址及寻址方式

1. 寻址及寻址方式的概念

指令指定操作数的位置，即给出地址信息，在执行时需要根据这个地址信息找到需要的操作数,这种寻找操作数的过程称为寻址。寻址方式就是寻找操作数或操作数地址的方式。根据寻址方式可方便地访问各类操作数。

2. 操作数的存放位置

8086 指令中的操作数通常有 3 种存放位置:

(1)操作数在指令中,即指令的操作数部分就是操作数本身,称为立即数。

(2)操作数包含在 CPU 的某个内部寄存器中,称为寄存器操作数。

(3)操作数在内存的数据区中,称为存储器操作数。

3.1.3 8086 指令系统的寻址方式

1. 与数据有关的寻址方式

与数据有关的寻址方式可分为以下 3 种:

(1)立即数寻址:操作数在给定的指令中。

(2)寄存器寻址:操作数在 CPU 的寄存器中。

(3)存储器寻址方式:操作数在指定的存储器中。

访问存储器操作数时有以下 5 种基本寻址方式:

① 直接寻址:指令中直接给出存放操作数的存储单元有效地址。

② 寄存器间接寻址:存放操作数的存储单元有效地址在指定寄存器中。

③ 寄存器相对寻址:存放操作数的存储单元有效地址是寄存器的内容与位移量之和。

④ 基址变址寻址:存放操作数的存储单元有效地址是基址寄存器内容与变址寄存器内容之和。

⑤ 相对基址变址寻址:存放操作数的存储单元有效地址是基址寄存器的内容与变址寄存器的内容再加上相对位移量之和。

2. 与 I/O 端口有关的寻址方式

I/O 端口的寻址方式分为直接端口寻址和间接端口寻址两种。

(1)直接端口寻址:在指令中直接给出要访问的端口地址,一般采用 2 位十六进制数表示,也可用符号表示,可访问端口范围为 0~255。

(2)间接端口寻址:当访问端口地址值大于 255 时,要先把 I/O 端口地址先送到寄存器 DX 中,用 DX 作为间接寻址寄存器,此种方式可访问的端口范围为 0~65 535。

3.1.4 8086 指令系统

8086 指令系统按功能可分为 7 大类指令。

1. 数据传送类指令

数据传送类指令的功能是把数据或地址传送到指定寄存器或存储单元中。

根据传送的内容和功能可分为以下几类:

(1)通用数据传送指令:如传送指令 MOV、压栈指令 PUSH、出栈指令 POP、交换指令 XCHG 等。

(2)累加器专用传送指令:累加器通常作为数据传输的核心,如输入/输出指令 IN/ OUT、换码指令 XLAT 等,是专门通过累加器来执行的。

(3)地址传送指令:如装入有效地址指令 LEA、装入 DS 寄存器指令 LDS、装入 ES 寄存器指令 LES 等。

（4）标志寄存器传送指令：如将 FLAGS 低字节装入 AH 寄存器指令 LAHF、将 AH 内容装入 FLAG 低字节指令 SAHF、将 FLAGS 内容压栈指令 PUSHF、从堆栈中弹出一个字给 FLAGS 指令 POPF 等。

2．算术运算类指令

8086 的算术运算类指令包括加、减、乘、除 4 种基本运算及进行 BCD 码调整的指令。

算术运算指令涉及无符号数和带符号数两种类型的数据。要注意算术运算类指令会影响标志位，应按相应规则去处理。

此外，运算过程中有可能产生数据溢出，用 CF 标志位可检测无符号数是否溢出，用 OF 标志位可检测带符号数是否溢出。

3．逻辑运算与移位类指令

（1）逻辑运算类指令包括逻辑与、逻辑或、逻辑异或、逻辑非和测试指令，可对 8 位或 16 位数进行按位操作的逻辑运算。

（2）移位指令中包括逻辑左移、逻辑右移、算术左移、算术右移指令；在循环移位指令中包括循环左移、循环右移、带进位的循环左移和循环右移等指令。

移位指令也会影响相应的标志位。

4．串操作类指令

8086 指令系统中设置了串操作指令，其操作对象是内存中地址连续的字节串或字串。在完成每次串操作后能自动修改地址指针，为下一次操作做准备。

串操作指令主要包括串传送、串存储、取串、串比较、串搜索、清除和设置方向标志以及重复操作前缀等指令。

使用串操作类指令时要注意：约定以 DS:SI 寻址源串，以 ES:DI 寻址目标串；用方向标志规定操作方向，DF=0 从低地址向高地址方向处理，DF=1 处理方向相反；加重复前缀对数据串进行操作时必须用 CX 作为计数器。

5．控制转移类指令

控制转移类指令用来改变程序执行的方向，即修改指令指针寄存器（IP）和代码段寄存器（CS）的值。按程序的转移位置有段内转移和段间转移两种。

根据转移指令的功能，可分为无条件转移指令、条件转移指令、循环控制指令、子程序调用和返回指令等。

6．处理器控制类指令

这类指令主要用于修改状态标志位，如设置进位标志 CF、设置方向标志 DF、设置中断允许控制标志 IF 指令等。

此外，还包括对 CPU 的控制指令，如使 CPU 暂停、等待、空操作等。

7．中断调用指令

在计算机的内部中断中，除单步、除法出错、数据溢出等中断外，还有一种通过专门中断指令发生的软件中断，如中断指令 INT n、中断返回指令 IRET、溢出中断指令 INTO 等。

每执行一条软中断指令，CPU 就会转向一个中断服务程序，执行完毕后返回主程序。

注意：INT n 指令位于主程序中，而 IRET 指令位于中断服务子程序中。

3.1.5　DOS 功能调用和 BIOS 中断调用

1．DOS 功能调用

（1）DOS 功能调用可完成对文件、设备、内存的管理。这些功能模块通过独立的中断服务程序进行调用，程序入口地址已由系统置入中断向量表，在汇编语言程序中可采用中断指令直接对其调用。

（2）要完成 DOS 功能调用，按如下基本步骤操作：

① 将入口参数送指定寄存器。

② 将子程序功能号送 AH 寄存器。

③ 使用 INT 21H 指令转子程序入口执行相应操作。

（3）常用的几种系统功能调用：

① AH=01H，带显示的键盘输入单个字符。

② AH=02H，从显示器上输出单个字符。

③ AH=09H，在显示器上输出指定字符串。

④ AH=0AH，从键盘上输入字符串到指定缓冲区。

2．BIOS 中断调用

IBM PC 系列微机在 ROM 中提供了 BIOS（基本输入/输出系统），占用系统板上 8 KB 的 ROM 区，又称 ROM BIOS。

BIOS 为用户程序和系统程序提供主要外围设备的控制功能，如系统加电自检、引导装入及对键盘、磁盘、磁带、显示器、打印机、异步串行通信口等的控制。计算机系统软件就是利用这些基本的设备驱动程序，完成各种功能操作。

每个功能模块的入口地址都在中断向量表中，通过中断指令 INT n 可直接调用（n 是中断类型号，对应一种 I/O 设备的中断调用）。

3.1.6　Pentium 微处理器新增寻址方式和指令

1．Pentium 微处理器的内部寄存器特点

Pentium 微处理器采用 32 位指令，其内部寄存器与 16 位微处理器存在不同，主要有：

（1）指令操作数可以是 8 位、16 位或 32 位，根据指令的不同，操作数字段可以是 0～3 个，当选用 3 个操作数时，最左边操作数为目的操作数，右边两个操作数均为源操作数。

（2）立即数寻址方式中操作数可以是 32 位立即数，寄存器寻址方式中操作数可以是 32 位通用寄存器，存储器操作数既可采用 16 位地址寻址也可采用 32 位扩展地址寻址。

（3）4 个通用数据寄存器扩展为 32 位，更名为 EAX、EBX、ECX 和 EDX；4 个通用地址寄存器扩展为 32 位，更名为 ESI、EDI、EBP、ESP。

（4）指令指针寄存器扩展为 32 位，更名为 EIP，实地址方式下仍可使用其低 16 位 IP。

（5）在原有 4 个段寄存器基础上增加 2 个新的段寄存器 FS 和 GS。

（6）增加了 4 个系统地址寄存器，分别存放全局段描述符表首地址的 GDTR，存放局部段描述符表选择字的 LDTR，存放中断描述符表首地址的 IDTR，存放"任务段"选择字的任务寄存器 TR。

（7）标志寄存器扩展为 32 位，更名为 EFLAGS。

（8）新增 5 个 32 位控制寄存器，命名为 CR_0～CR_4；新增 8 个用于调试的寄存器 DR_0～

DR$_7$，2 个用于测试的寄存器 TR$_6$ ~ TR$_7$。

2. Pentium 微处理器的新增寻址方式

Pentium 微处理器与 8086 相比新增 3 种寻址方式，分别是：

（1）比例变址寻址方式。

（2）基址加比例变址寻址方式。

（3）带位移量的基址加比例变址寻址方式。

3. Pentium 系列微处理器专用指令

Pentium 系列微处理器指令集向上兼容，保留了 8086 和 80X86 系列的所有指令。Pentium 微处理器指令集中新增加了以下 3 条专用指令：

（1）比较和交换 8 字节数据指令—— CMPXCHG8B。

（2）CPU 标识指令—— CPUID。

（3）读时间标记计数器指令—— RDTSC。

4. Pentium 系列微处理器控制指令

Pentium 微处理器指令集中新增加了以下 3 条系统控制指令：

（1）读专用模式寄存器指令—— RDMSR。

（2）写专用模式寄存器指令—— WRMSR。

（3）恢复系统管理模式指令—— RSM。

3.2 典型例题解析

【例 3.1】分析下列指令的正误，并说明正确或错误的原因。

（1）MOV DS,AX　　　（2）MOV [2100],12H　　　（3）MOV [2200H],[2210H]
（4）MOV 1200H,BX　　（5）MOV AX,[BX+BP+0110H]　（6）MOV CS,AX
（7）PUSH BL　　　　　（8）PUSH WORD PTR[SI]　　（9）OUT CX,AL
（10）IN AL,[50H]　　（11）MOV CL,2200H　　　　（12）MOV AX,2100H[BX]
（13）MOV DS,ES　　　（14）MOV IP,2000H　　　　（15）POP CS

【解析】按照相应指令书写格式及语法要求，检查是否满足指令使用的约束条件。

（1）MOV DS,AX

本条指令正确，可通过累加器给数据段寄存器 DS 赋初值。

（2）MOV [2100],12H

本条指令正确，可对指定内存单元送立即数，为字节传送。

（3）MOV [2200H],[2210H]

本条指令错误，两个存储器单元之间不能直接进行数据传送。可通过寄存器作为中间转换来实现存储单元之间的数据传送。

（4）MOV 1200H,BX

本条指令错误，立即数不能作为目标操作数。

（5）MOV AX,[BX+BP+0110H]

本条指令错误，源操作数中只能采用一个基址寄存器，可将 BP 改为变址寄存器 SI。

（6）MOV CS,AX

本条指令错误，段寄存器 CS 不能做目标操作数，由于 CS 在汇编时已经确定了其段地址，故不能用传送指令改变其值。

（7）PUSH　BL

本条指令错误，要压入堆栈的源操作数 BL 是字节操作数，不能压栈，堆栈操作时规定采用字数据处理。

（8）PUSH　WORD　PTR[SI]

本条指令正确，可用类型定义符指定源操作数为字数据进行压栈操作。

（9）OUT　CX,AL

本条指令错误，在采用间接寻址方式的 I/O 输出指令中，只能用 DX 做目标操作数，不能采用寄存器 CX。

（10）IN　AL,[50H]

本条指令错误，在 I/O 输入指令中，源操作数不能采用存储单元，应该是指定的 I/O 端口号。

（11）MOV　CL,2200H

本条指令错误，给定的源操作数是字数据，目标操作数为字节寄存器，两者进行传送操作时数据类型不匹配。

（12）MOV　AX,2100H[BX]

本条指令正确，用寄存器相对寻址方式从内存中取出字数据送到寄存器 AX。

（13）MOV　DS,ES

本条指令错误，两个段寄存器之间不能直接进行数据传送。

（14）MOV　IP,2000H

本条指令错误，指令指针 IP 不能作为目标操作数，在汇编后，IP 中保存着将要执行的下一条指令的地址，不能通过传送指令改变其值。

（15）POP　CS

本条指令错误，堆栈操作中代码段寄存器 CS 不能作为目标操作数使用。

【例 3.2】给定寄存器保存内容：(DS)=1000H，(BX)=0200H，(SI)=0010H；

存储单元保存内容：(10200H)=35H，(10201H)=2AH，(10210H)=3CH，(10211H)=21H，(10300H)=1BH，(10301H)=63H，(12100H)=52H，(12101H)=3BH。

试说明下列指令中源操作数的寻址方式，分析每条指令执行后 AX 寄存器所保存的内容。

（1）MOV　AX,3020H　　　　　　　　（2）MOV　AX,BX
（3）MOV　AX,[2100H]　　　　　　　（4）MOV　AX,[BX]
（5）MOV　AX,0100H+[BX]　　　　　（6）MOV　AX,[BX]+[SI]

【解析】根据给定指令格式，可指出指令的源操作数寻址方式。分析指令运行结果时要注意存储器操作数据存放的物理地址，最后得出指令执行完毕后 AX 寄存器中的内容。

（1）MOV　AX,3020H

立即数寻址方式，指令执行后(AX)=3020H。

（2）MOV　AX,BX

寄存器寻址方式，指令执行后(AX)=0200H。

（3）MOV　AX,[2100H]

访问存储器的直接寻址方式，操作数在内存单元的物理地址为：

$$PA = (DS) \times 10H + 2100H$$
$$= 12100H$$

由于给定指令是字数据传送，在 12100H 单元保存的是低字节数据 52H，还需要从 12101H 单元取出高字节数据 3BH，组合后形成一个字数据。

指令执行后 (AX)=3B52H

（4）MOV AX,[BX]

访问存储器的寄存器间接寻址方式，操作数在内存单元的物理地址为：

$$PA = (DS) \times 10H + 0200H$$
$$= 10200H$$

本条指令是字数据传送，在 10200H 单元保存的是低字节数据 35H，需要从 10201H 单元取出高字节数据 2AH，组合后形成一个字数据。

指令执行后 (AX)=2A35H

（5）MOV　AX,0100H+[BX]

访问存储器的寄存器相对寻址方式，操作数在内存单元的物理地址为：

$$PA = (DS) \times 10H + 0200H + 0100H$$
$$= 10300H$$

本条指令是字数据传送，在 10300H 单元保存的是低字节数据 1BH，需要从 10301H 单元取出高字节数据 63H，组合后形成一个字数据。

指令执行后 (AX)=631BH

（6）MOV　AX,[BX]+[SI]

访问存储器的基址变址寻址方式，操作数在内存单元的物理地址为：

$$PA = (DS) \times 10H + 0200H + 0010H$$
$$= 10210H$$

本指令是字数据传送，在 10210H 单元保存的是低字节数据 3CH，需要从 10211H 单元取出高字节数据 21H，组合后形成一个字数据。

指令执行后 (AX)=213CH

【例 3.3】已知寄存器保存内容：(DS)=3200H，(BX)=1234H，(SI)=3456H，(3668AH)=7FH，执行指令 MOV AL,[BX] [SI]，分别计算操作数的有效地址 EA 和物理地址 PA，说明指令执行后的操作结果。

【解析】对于给定指令：MOV AL,[BX] [SI]，源操作数采用的是访问存储器的基址变址寻址方式，操作数的有效地址 EA 和物理地址 PA 计算如下：

有效地址：
$$EA = (BX) + (SI)$$
$$= 1234H + 3456H$$
$$= 468AH$$

物理地址：
$$PA = (DS) \times 10H + EA$$
$$= 32000H + 468AH$$
$$= 3668AH$$

指令执行结果是将 3668AH 单元的内容送入寄存器 AL 中，为字节数据传送。

结果为 (AL)=7FH

【例 3.4】给定下面两个 16 位二进制数，进行加法运算，分析计算结果中标志位的变化情况。

$$(AX)=0010\ 0011\ 0100\ 1101B$$
$$(BX)=0011\ 0010\ 0001\ 1001B$$

执行指令：ADD　AX,BX

【解析】8086 微处理器的标志寄存器共有 9 位标志位，其中 6 个标志位反映 CPU 指令运行后的状态信息，分别为 SF、ZF、PF、CF、AF 和 OF。这些标志位可用于根据指令执行后的操作结果进行判断转移。另有 3 个控制标志位分别为 DF、IF 和 TF。

在算术运算指令中，计算结果对相应状态标志位有影响，本题计算情况如下：

$$
\begin{array}{r}
0010\ 0011\ 0100\ 1101B \\
+)\quad 0011\ 0010\ 0001\ 1001B \\
\hline
0101\ 0101\ 0110\ 0110B
\end{array}
$$

根据计算结果可分析标志位的变化情况如下：

（1）运算结果最高位为 0，故符号标志 SF=0。

（2）运算结果不为 0，故零标志 ZF=0。

（3）低 8 位运算结果 01100110 中有偶数个 1，故奇偶标志 PF=1。

（4）最高位没有进位，故进位标志 CF=0。

（5）结果的低 4 位中，D_3 位有向 D_4 位产生的进位，故辅助进位标志 AF=1。

（6）D_{14} 位没有向 D_{15} 位产生进位，D_{15} 位也没有进位，故溢出标志 OF=0。

【例 3.5】已知 A=+125，B=−5，进行 A−B 的减法运算，讨论标志位的变化情况。

【解析】对于带符号数的运算，利用溢出标志 OF 和符号标志 SF 可判断数值的大小。本题是完成计算 125−(−5)=+135。

计算机中带符号数计算采用补码运算完成，即$[X−Y]_{补码}=[X]_{补码}−[Y]_{补码}$。

本题计算过程如下：

+125 的原码：01111101B

−5 的补码：11111011B

$$
\begin{array}{r}
01111101B \\
-)\quad 11111011B \\
\hline
10000010B
\end{array}
$$

根据计算结果可知：

（1）最高位为 1，运算结果为负数，故符号标志 SF=1；

（2）D_6 位向 D_7 位无借位，但 D_7 位向更高位有借位，故溢出标志 OF=1。

注意：对于带符号数，字节数据结果范围为-128～+127，本题 A−B 的结果为+135，超出数的有效范围，故溢出标志 OF=1，会得出正数减负数得到负数的错误结果。

本题可以这样分析：当 OF=0 时，无溢出，计算的数据正确。所以若 SF=0，运算结果为正数，那么被减数大于减数；若 SF=1，运算结果为负数，那么被减数小于减数。而当 OF=1 时产生溢出，计算结果不正确。所以 SF=0 时得到错误的正数结果，那么被减数小于减数；当 SF=1 时得到错误的负数结果，那么被减数大于减数。

【例 3.6】设被减数(AL)=7，减数(BL)=8，执行(AL)-(BL)后，根据标志位判断寄存器 AL、BL 中数的大小。

【解析】本例说明如何利用 OF、SF 标志位判断数的大小。计算机中带符号数减法采用补码运算来实现。本题计算过程如下：

+7 的补码：00000111B

+8 的补码：00001000B

$$
\begin{array}{r}
00000111B \\
-)\quad 00001000B \\
\hline
11111111B
\end{array}
$$

根据计算结果可知：

（1）D_6 位向 D_7 位有借位，D_7 位向更高位也有借位，故溢出标志 OF=1。

（2）结果的最高位为 1，是负数，故符号标志 SF=1。

所以最终结果为(AL)<(BL)。

为验证运算结果的正误，可将运算结果补码 11111111B 转换成原码，即 10000001B=-1，可看出此结果是正确的。

【例 3.7】设被减数(AL)=-125，减数(BL)=50，执行(AL)-(BL)后，根据标志位判断 AL、BL 的大小。

【解析】将给定数的运算转换成补码进行处理。计算过程如下：

-125 的补码：10000011B

+50 的补码：00110010B

$$
\begin{array}{r}
10000011B \\
-)\quad 00110010B \\
\hline
01010001B
\end{array}
$$

根据计算结果可知：

（1）因 D_6 向 D_7 有借位，但 D_7 向更高位无借位，故溢出标志 OF=1。

（2）结果的最高位为"0"，是正数，故符号标志 SF=0。

所以(AL)<(BL)。

本题中负数减正数，结果应该是负数，但运算结果却是正数，所以 OF=1，说明运算结果溢出，得出负数减正数得到正数的错误结果。

在 OF=1 的情况下，SF=0，故(AL)<(BL)。

【例 3.8】写出将首地址为 BLOCK 的字数组第 6 个字数据送 CX 寄存器的指令序列，要求分别使用以下几种寻址方式：

（1）采用 BX 的寄存器间接寻址。

（2）采用 BX 的寄存器相对寻址。

（3）采用 BX、SI 的基址变址寻址。

【解析】不同的寻址方式可以有不同的指令组合。

（1）采用 BX 的寄存器间接寻址：

```
LEA  BX,BLOCK+10      ;将 BLOCK 字数组中第 6 个字数据的有效地址存入 BX
MOV  CX,[BX]          ;以 BX 寄存器间接寻址方式，将第 6 个字数据送 CX 寄存器
```

（2）采用 BX 的寄存器相对寻址：

MOV BX,10	;将第 6 个字数据的地址偏移量存入 BX
MOV CX,BLOCK[BX]	;以 BX 寄存器相对寻址方式，将第 6 个字数据送 CX 寄存器

（3）采用 BX、SI 的基址变址寻址：

LEA BX,BLOCK	;取首地址 BLOCK 存入 BX
MOV SI,10	;将第 6 个字数据的地址偏移量存入 SI
MOV CX,[BX+SI]	;以 BX、SI 基址变址寻址方式，将第 6 个字数据送 CX 寄存器

3.3 思考与练习题解答

一、选择题

1. B   2. C   3. C   4. B   5. B   6. C

二、填空题

1. ①操作码；②操作数；③立即数、寄存器操作数和存储器操作数。
2. ①寻找操作数的过程；②操作数寻址和 I/O 端口寻址；③立即数寻址。
3. ①内存单元中；②附加数据。
4. ①数据存储区域；②字数据；③先进后出；④堆栈指针 SP；⑤SP←(SP)−2。
5. ①直接端口寻址和间接端口寻址；②0～255；③0～65 535。

三、分析计算题

1. 【解答】根据给定的指令格式，可指出每条指令的寻址方式，分析如下：

（1）MOV   AX,100H

源操作数为立即数寻址，目的操作数为寄存器寻址。

（2）MOV   CX,AX

源操作数和目的操作数均为寄存器寻址。

（3）ADD   [SI],1000

源操作数为立即数寻址，目的操作数为寄存器间接寻址。

（4）SUB   BX,[SI+100]

源操作数为寄存器相对寻址，目的操作数为寄存器寻址。

（5）MOV   [BX+300],AX

源操作数为寄存器寻址，目的操作数为寄存器相对寻址。

（6）AND   BP,[DI]

源操作数为寄存器间接寻址，目的操作数为寄存器寻址。

2. 【解答】该题要求明确各类指令的书写格式和使用规定。

（1）MOV   [1200],23H

本条指令正确，将立即数 23H 传送到指定内存单元。

（2）MOV   1020H,CX

本条指令错误，立即数不能做目标操作数。

可改为：MOV   [1020H],CX

（3）MOV　[1000H],[2000H]

本条指令错误，两个存储单元之间不能直接进行数据传送。

可改为：MOV　AX,[2000H]

　　　　　MOV　[1000H], AX

（4）MOV　IP,000H

本条指令错误，IP 不能作为目标操作数。

可改为：JMP　000H

（5）PUSH　AL

本条指令错误，AL 是字节操作数，不能压栈。

可改为：PUSH　AX

（6）OUT　CX,AL

本条指令错误，I/O 端口间接寻址时，输出指令只能用 DX 寄存器做目标操作数。

可改为：OUT　DX,AL

（7）IN　AL,[80H]

本条指令错误，输入指令中源操作数不能是存储单元。

可改为：IN　AL,80H

（8）MOV　CL,3300H

本条指令错误，源操作数与目标操作数数据类型不匹配。

可改为：MOV　CX,3300H

3.【解答】按照给定寄存器和存储器中保存的内容，结合指令的操作功能可得每条指令的运行结果。由于是字数据传送，在计算存储器物理地址时要注意取出相邻两个单元的字节操作数。

（1）MOV　AX,1200H

将立即数传送到累加器，执行后(AX)=1200H。

（2）MOV　AX,BX

将 BX 中的数据传送到累加器，执行后(AX)=0100H。

（3）MOV　AX,[1200H]

将指定内存单元中的数据传送到累加器，执行后(AX)=4C2AH。

（4）MOV　AX,[BX]

通过寄存器 BX 间接寻址，将指定内存单元中数据传送到累加器，执行后(AX)=3412H。

（5）MOV　AX,1100H[BX]

通过寄存器相对寻址将指定内存单元中数据传送到累加器，执行后(AX)=4C2AH。

（6）MOV　AX,[BX+SI]

通过基址变址寻址将指定内存单元中数据传送到累加器，执行后(AX)=7856H。

（7）MOV　AX,[1100H+BX+SI]

通过相对基址变址寻址将指定内存单元中数据传送到累加器，执行后 AX)=65B7H。

4.【解答】本题要求熟悉各类指令的功能及其应用。

（1）ADD　AX,08FFH

加法指令，将 AX 的内容与立即数 08FFH 相加，执行后(AX)=7EA3H。

（2）INC　AX

加 1 指令，将 AX 的内容加 1，执行后(AX)=75A5H。

（3）SUB　AX,4455H

减法指令，将 AX 内容减去立即数 4455H，结果回送 AX，执行后(AX)=314FH。

（4）AND　AX,0FFFH

逻辑与指令，将 AX 内容与立即数 0FFFH 做逻辑乘运算，执行后(AX)=05A4H。

（5）OR　AX,0101H

逻辑或指令，将 AX 内容与立即数 0101H 做逻辑或运算，执行后(AX)=75A4H。

（6）SAR　AX,1

算术右移指令，将 AX 内容右移 1 位，操作数最低位送 CF，最高位补符号位。执行后(AX)=3AD2H，CF=0。

（7）ROR　AX,1

循环右移指令，将 AX 内容右移 1 位，操作数最低位送 CF，同时送最高位，执行后(AX)=3AD2H，CF=0。

（8）ADC　AX,5

带进位加法指令，该指令执行(AX)=(AX)+5+CF，执行后(AX)=75AAH。

5.【解答】压栈指令 PUSH 完成的操作是"先移后入"，即先将堆栈指针 SP 减 2，然后将操作数压入 SP 指定的栈顶中。

出栈指令 POP 完成的操作是"先出后移"，即先将堆栈指针 SP 所指示的栈顶存储单元内容弹出到操作数中，然后将堆栈指针 SP 加 2。

（1）执行 PUSH　AX 和 PUSH　DX 两条指令后，堆栈存储的内容及堆栈指针 SP 的变化如图 3-1 所示。

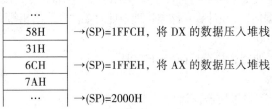

图 3-1　堆栈存储示意图

（2）执行 POP BX 和 POP CX 两条指令后，(BX)=3158H，(CX)=7A6CH。

6.【解答】按照给定的每条指令功能，可分别得到相应的操作结果：

```
MOV  BX,1030H
```

将立即数 1030H 传送到寄存器 BX，(BX)=1030H。

```
MOV  CL,3
```

将立即数 3 传送到计数寄存器 CL，(CL)=03H。

```
SHL  BX,CL
```

将寄存器 BX 中内容逻辑左移，计数寄存器 CL 中内容为移位次数，即将 1030H 代表的二进制数 0001000000110000B 逻辑左移 3 次，结果为(BX)=100000011 0000000B=8180H

```
DEC  BX
```

最后将寄存器 BX 中的内容减 1，结果为(BX)=817FH

四、设计题

1.【解答】本题需注意一个双倍精度字数据在内存中要占用 4 个存储单元，可采用下列指令段实现题目的规定要求。

```
MOV  AX, [1000H]        ;取第1个双倍精度字数据的低16位
MOV  DX, [2000H]        ;取第2个双倍精度字数据的低16位
ADD  AX, DX            ;两个16位的字数据相加
MOV  [1000H], AX       ;结果送回内存1000H单元
MOV  AX, [1002H]       ;取第1个双倍精度字数据的高16位
MOV  DX, [2002H]       ;取第2个双倍精度字数据的高16位
ADC  AX, DX            ;两个16位的字数据带进位相加
MOV  [1002H], AX       ;结果送回内存1002H单元
```

2. 【解答】本题需注意在无符号数和带符号数的比较中合理地选择条件转移指令。

（1）若(CX)<(DX)，则转移到NEXT1，采用以下两条指令实现：

```
CMP  CX,DX            ;将CX中数据与DX中数据进行比较
JB   NEXT1            ;若低于则转移到NEXT1
```

（2）若(AX)>(BX)，则转移到NEXT2，采用以下两条指令实现：

```
CMP  AX,BX            ;将AX中数据与BX中数据进行比较
JG   NEXT2            ;若大于则转移到NEXT2
```

（3）若(CX)=0，则转移到NEXT3，采用以下两条指令实现：

```
CMP  CX,0             ;将CX中数据与0进行比较
JZ   NEXT3            ;若结果为0则转移到NEXT3
```

（4）若AX中内容为负，则转移到NEXT4，采用以下两条指令实现：

```
CMP  AX,0             ;将AX中数据与0进行比较
JL   NEXT4            ;若小于则转移到NEXT4
```

3. 【解答】本题需注意堆栈操作的特点，理解压栈及出栈时指针SP的变化规律。

（1）在堆栈中存入5个字数据，要占用堆栈的10个存储单元。

此时堆栈段寄存器内容不变：(SS)=2250H

堆栈指针SP的内容变化为：(SP)=0140H–0AH

$$=0136H$$

（2）如果又取出2个字数据，在指针(SP)=0136H的情况下，要弹出堆栈的4个存储单元内容。

此时堆栈段寄存器内容不变：(SS)=2250H

堆栈指针SP的内容变化为：(SP)=0136H + 04H

$$=013AH$$

第4章

汇编语言及程序设计 《《《

学习要点:

- 汇编语言基本表达及程序结构。
- 汇编语言常用伪指令。
- 汇编语言工作环境与上机步骤。
- 顺序、分支、循环和子程序的基本结构及设计方法。
- 宏指令与宏汇编。
- 重复汇编及条件汇编。

4.1 本章重点知识

4.1.1 汇编语言及语句格式

1. 汇编语言与汇编程序

（1）汇编语言是一种面向 CPU 指令系统的程序设计语言，采用指令助记符来表示操作码和操作数，用符号地址表示操作数地址。

（2）汇编语言源程序输入计算机后需要翻译成目标程序才能执行，这个过程称为汇编。汇编程序是将汇编语言源程序翻译成机器能够识别和执行的目标程序的一种系统软件。

用汇编语言编写的程序能够利用计算机硬件系统特性，直接对位、字节、寄存器、存储单元、I/O 端口等进行操作，且占用内存空间少，执行速度快。

2. 汇编语言语句格式

（1）汇编语言的语句由以下 4 部分组成，其格式如下：

[名字] 操作符 [操作数] [;注释]

其中，带方括号的部分表示任选项。

（2）4 个字段的含义解释如下：

① 名字是一个符号，表示本条语句的符号地址，可以是标号和变量，统称为标识符。

② 操作符可以是机器指令、伪指令和宏指令的助记符。

③ 操作数是指令操作对象，一般有常数、寄存器、标号、变量和表达式等几种形式。

④ 注释字段以“;”开头，是语句非执行部分，用来说明程序或语句功能，增加可读性，便于修改和调试。

3. 标号和变量的 3 种属性

汇编语言中，标号和变量具备以下 3 种属性：

（1）段属性：定义标号和变量的段起始地址，其值必须在段寄存器中。标号的段是其对应的代码段，由 CS 指示；变量的段通常对应数据段，由 DS 或 ES 指示。

（2）偏移属性：表示标号和变量相距段起始地址的字节数，是一个 16 位无符号数。

（3）类型属性：对于标号，指出该标号是在本段内引用还是在其他段中引用，标号的类型有 NEAR（段内引用）和 FAR（段间引用）两种形式；对于变量，说明变量有几个字节长度，由定义变量的伪指令来确定。

4.1.2 汇编语言表达式和运算符

1. 表达式和运算符

汇编语言表达式由常数、寄存器、标号、变量与一些运算符有机结合而成，有数字表达式和地址表达式两种。

表达式中的运算符充当重要角色。8086 宏汇编有算术运算符、逻辑运算符、关系运算符、分析运算符和综合运算符 5 种，各类运算符的作用如下：

（1）算术运算符用于完成加、减、乘、除等算术运算和求余运算。

（2）逻辑运算符用于对操作数进行按位操作。

（3）关系运算符是双操作数运算，它的运算对象只能是两个性质相同的项目，其结果有两种情况，即关系成立或关系不成立。

（4）分析运算符是对存储器地址进行操作的，可将存储器地址的段、偏移量和类型 3 个属性分离出来，返回到所在位置作操作数使用。因此，分析运算符又称数值返回运算符。

（5）综合运算符用来建立和临时改变变量或标号的类型以及存储器操作数的存储单元类型，而忽略当前的属性，所以又称属性修改运算符。

2. 运算符的优先级别

汇编过程中，汇编程序先计算表达式的值然后再翻译指令，若一个表达式同时具有多个运算符，按以下规则进行运算：

（1）优先级高的先运算，优先级低的后运算。

（2）优先级相同时，按表达式中从左到右的顺序运算。

（3）括号可提高运算的优先级，括号内的运算总是在相邻的运算之前进行。

5 种运算符的优先级别按照从高到低排列为：分析运算符、综合运算符、算术运算符、关系运算符、逻辑运算符。

4.1.3 汇编语言程序结构

由于源程序存放在存储器中，而存储空间是分段管理的，无论是取指令还是存取操作数都要访问内存。因此，汇编语言源程序的编写必须遵照存储器分段管理的规定，分段进行编写。

一个汇编语言源程序由若干个逻辑段组成，每个逻辑段以 SEGMENT 语句开始，以 ENDS 语句结束，整个源程序以 END 语句结束。

一般情况下，汇编源程序由以下 3 个逻辑段组成：

（1）数据段：用来在内存中建立一个适当容量的工作区，以存放常数、变量等程序需要对其进行操作的数据。

（2）堆栈段：用来在内存中建立一个适当的堆栈区，以便在中断、子程序调用时使用。

（3）代码段：包括了许多以符号表示的指令，其内容就是程序要执行的具体操作。

4.1.4 汇编语言常用伪指令

伪指令对相关语句进行定义和说明，如定义数据、分配存储区、定义段及定义过程等，由汇编程序进行处理，它不产生目标代码，所以又称伪操作。

1. 数据定义伪指令

数据定义伪指令用来定义一个变量的类型，并将所需数据放入指定存储单元，除常数、表达式和字符串外，问号（?）也可作为伪指令操作数，此时仅给变量保留相应存储单元，而不赋予变量某个确定初值。

（1）数据定义伪指令格式为：

> [变量名]　伪指令　操作数 [,操作数...] [;注释]

（2）数据定义伪指令主要有 DB（定义字节）、DW（定义字）、DD（定义双字）、DQ（定义8个字节）、DT（定义10个字节）。

（3）当同样的操作数重复多次时，可采用重复操作符 DUP 来表示。

其格式为：n　DUP（初值[,初值...]）

圆括号中为重复的内容，n 为重复次数。

2. 符号定义伪指令

符号定义伪指令是给一个符号重新命名，或定义新的类型属性等。这些符号可包括汇编语言的变量名、标号名、过程名、寄存器名及指令助记符等。

常用的符号定义伪指令有 EQU、=、LABLE。

3. 段定义伪指令

段定义伪指令 SEGMENT/ENDS 用于定义逻辑段，指定段的名称和范围、定位类型、组合类型及类别等。

（1）SEGMENT 位于逻辑段开始，ENDS 表示逻辑段结束。两者成对出现，缺一不可，且两者前面的段名必须一致。

（2）说明伪指令 ASSUME 指出源程序中的逻辑段与物理段之间的关系。

4. 过程定义伪指令

程序设计中，经常将一些重复出现的语句组定义为子程序（又称为过程），可采用 CALL 指令来调用。

（1）过程定义伪指令 PROC/ENDP 中，PROC 定义一个过程，赋予一个名字，并指出该过程的类型属性为 NEAR 或 FAR，ENDP 标志过程的结束。

（2）当一个程序段被定义为过程后，采用 CALL 指令来调用。

格式为：CALL 过程名

5. 结构定义伪指令

结构是相互关联的一组数据的某种组合形式。使用结构需要用伪指令 STRUC 和 ENDS 进行结构的定义，然后对结构进行预置。

格式为：结构变量名 结构名（字段值表）

最后进行结构的引用，可直接写结构变量名，也可引用结构变量中的某一字段。

形式为：结构变量名·结构字段名

6. 模块定义与连接伪指令

编写规模较大的汇编语言源程序时可将整个程序划分为若干独立模块，然后将各模块分别进行汇编，生成各自的目标程序，最后连接成为一个完整的可执行程序。

采用 NAME 伪指令、END 伪指令、UBLIC 伪指令和 EXTRN 伪指令可以进行模块之间的连接和实现相互的符号访问，以便进行变量传送。

7. 程序计数器$和 ORG 伪指令

字符"$"在 8086 宏汇编中具有一种特殊意义，称为程序计数器。程序中"$"符号出现在表达式里，它的值是程序下一个所能分配的存储单元的偏移地址。

ORG 是起始位置设置伪指令，用来指出源程序或数据块的起点，利用 ORG 伪指令可以改变位置计数器的值。

4.1.5 汇编语言的工作环境与上机步骤

1. 汇编语言的工作环境

（1）硬件环境：汇编语言程序要求机器具有一些基本配置即可，对机器硬件环境没有特殊要求。

（2）软件环境：支持汇编语言程序运行和建立汇编语言源程序主要有以下几个软件。

① DOS 操作系统：汇编语言源程序的建立和运行在 DOS 操作系统的支持下进行。

② 编辑程序：用来输入和建立汇编语言源程序，程序修改也在编辑状态下进行。

③ 汇编程序：一般选用宏汇编 MASM.EXE。

④ 连接程序：使用的连接程序是 LINK.EXE。

⑤ 调试程序：作为一种辅助工具帮助编程者进行程序的调试，常用的是动态调试程序 DEBUG.COM。

2. 汇编语言上机步骤

在计算机上运行汇编语言程序的步骤如下：

（1）用编辑程序（EDIT.COM）建立扩展名为.ASM 的源程序文件。

（2）用汇编程序（MASM.EXE）将源程序文件汇编成用机器码表示的目标程序文件，扩展名为.OBJ。

（3）若汇编过程中出现错误，可根据错误的信息提示，用编辑软件重新调入源程序进行修改。

（4）汇编无误时采用连接程序（LINK.EXE）把目标文件转化成可执行文件，扩展名为.EXE。

（5）生成可执行文件后，在 DOS 命令状态下直接输入文件名执行该文件，也可采用 DEBUG.COM 运行该程序。

4.1.6 汇编语言程序设计

1. 汇编语言程序设计的基本步骤

用汇编语言设计源程序，一般按下述步骤进行：

（1）分析实际问题，抽象出数学模型。

（2）确定问题的算法或解题思想。

（3）绘制程序的流程图。

（4）对存储空间和工作单元进行初始化。

（5）编制源程序。

（6）对源程序进行静态检查。

（7）对源程序进行动态调试直至正确无误。

2．汇编语言源程序的基本结构

汇编语言源程序一般由顺序、分支和循环结构组合而成，3 种结构的有机组合和嵌套构成结构化程序。

（1）顺序结构：按照语句排列的先后次序执行规定的一系列顺序操作。

（2）分支结构：也叫条件选择结构，可根据不同情况做出判断和选择，以便执行不同的程序段。

（3）循环结构：由循环初始化部分、循环体、参数修改部分、循环控制部分等组成。

3．汇编语言程序设计的基本思路

（1）顺序结构程序设计：程序从执行开始到最后一条指令为止，指令指针 IP 中内容呈线性增加。设计方法较简单，只要遵照算法步骤依次写出相应指令即可。主要考虑如何选择简单有效的算法，如何选择存储单元和工作单元。

（2）分支结构程序设计：有双分支和多分支结构。双分支程序是组成其他复杂程序的基本结构，设计时明确需判断的条件，合理选择条件转移语句，然后注意条件成立分支和条件不成立分支各自要完成的具体任务。多分支程序适用于有多种条件转移的情况。

（3）循环结构程序设计：设计循环程序时，先进行循环程序初始状态的设置，包括循环计数器初始化、地址指针初始化、存放运算结果的寄存器或内存单元的初始化等；然后考虑循环体组成，完成规定要重复执行的功能；为保证每次循环正常执行，计数器值、操作数地址指针等要发生有规律变化，为下一次循环做准备；循环控制部分是循环程序设计的关键，每个循环程序必须选择一个恰当的控制条件来控制循环运行和结束，若循环次数已知可使用计数器来控制，若循环次数未知可根据具体情况设置控制循环结束的条件。

（4）子程序设计：要注意子程序的名称、功能、入口参数、出口参数、占用工作单元等情况，明确子程序的功能和调用方法；合理地保护及恢复现场；合理地设计子程序体，实现相应操作功能；注意子程序返回语句 RET 和主程序中调用语句 CALL 相互对应；此外还要注意子程序参数传递，主程序在调用子程序前把需加工处理的数据传递给子程序，子程序执行完毕返回主程序时把本次加工处理的结果传递给主程序。

实现参数传递的方法主要有寄存器传递、堆栈传递和存储器传递等。

4.1.7　宏指令与宏汇编

1．宏定义

"宏"是程序中一段具有独立功能的代码，宏指令代表一段源程序，具有接收参量的能力，功能灵活，对于较短且传送参量较多的功能段采用宏汇编更加合理。

宏定义格式如下：

宏名　　MACRO　[形式参数表]		;宏定义
…		;宏体
ENDM		;宏定义结束

宏定义中，宏名是唯一的，代表所定义的宏体内容，在后面程序中可通过其来调用宏。宏体是一组有独立功能的程序代码，可包含指令语句、伪指令语句和另一个宏指令（称宏嵌套）；形参表是可选项，选用形参时所定义的宏称带参数的宏，宏也可不带参数。

2．宏调用与宏展开

宏定义后，在程序中通过宏名对它进行任意调用，经定义的宏指令在源程序中调用称"宏调用"。

调用格式：宏指令名　[实参 1,实参 2,…,实参 n]

宏指令必须先定义后调用，汇编时实参替换宏定义中相应形参，宏汇编程序遇到宏调用时，就用相应宏体代替宏指令并产生目标代码，称为"宏展开"。

4.1.8　重复汇编与条件汇编

1．重复汇编

重复伪指令可用于汇编连续重复相同或几乎完全相同的代码序列，以简化程序，提高执行速度。

宏汇编语言提供的重复伪指令如下：

（1）REPT/ENDM：定重复伪指令。

（2）IRP/ENDM：不定重复伪指令。

（3）IRPC/ENDM：不定重复字符伪指令。

2．条件汇编

条件汇编语句是一种说明性语句，其功能由汇编系统实现。使用条件汇编语句可使一个源文件产生几个不同的源程序，可有不同的功能。条件汇编语句通常在宏定义中使用。

条件伪操作的一般格式如下：

```
IF 〈表达式〉
［语句序列 1］
    ［ELSE］
    ［语句序列 2］
ENDIF
```

格式中表达式是条件，满足条件则汇编后面的语句序列 1，否则不汇编；表达式值为零时表示不满足条件,表达式值非零时表示满足条件;ELSE 命令可对另一语句序列 2 进行汇编。

有以下 5 组条件汇编语句：

（1）IF 和 IFE：是否为 0 条件语句。

（2）IF1 和 IF2：扫描是否为 1 条件语句。

（3）IFDEF 和 IFNDEF：符号是否有定义条件语句。

（4）IFB 和 IFNB：是否为空条件语句。

（5）IFIDN 和 IFDEF：字符串比较条件语句。

4.2　典型例题解析

【例 4.1】什么叫汇编？汇编程序的功能有哪些？

【解析】用汇编语言编写的源程序在输入计算机后，需将其翻译成目标程序计算机才能执行相应指令,这个翻译过程称为汇编,完成汇编任务的程序称为汇编程序。

汇编程序的功能主要有:

(1)利用硬件系统特性(如寄存器、标志位、中断系统等)直接对位、字节、字寄存器或存储单元、I/O 端口等进行处理。

(2)直接利用 CPU 指令系统和指令系统提供的寻址方式编制出高质量的汇编语言源程序,以解决工程实际问题。

【例4.2】什么叫基本汇编?什么叫宏汇编?两者之间有何差别?

【解析】计算机中,由于汇编语言的使用环境不同,有基本汇编和宏汇编两种情况。

(1)能够实现将汇编语言源程序翻译成机器语言程序,根据用户要求自动分配存储区域,自动把各种进制数转换成二进制数等,自动对源程序进行检查并给出错误信息等以上功能的汇编程序称为基本汇编。

(2)在基本汇编基础上,增加了用于控制和管理功能的伪指令,并进一步允许在源程序中使用宏指令的汇编程序称为宏汇编。宏汇编除具有基本汇编功能外,还增加了宏指令、结构、记录等高级汇编语言功能,可处理的范围和功能得到进一步扩展。

【例4.3】汇编程序和汇编源程序有什么区别?两者的作用是什么?

【解析】汇编程序和汇编源程序的含义完全不同,主要体现在:

(1)汇编程序是一种系统软件,它可将汇编源程序自动翻译成目标程序,而汇编源程序则是用户自己采用汇编语言编写的程序。

(2)汇编程序的主要功能是将由汇编语言编写的源程序翻译成机器语言目标程序;而汇编源程序是进行程序设计所得到的结果。

【例4.4】汇编语言源程序的语句类型有哪几种?各自的作用和使用规则是什么?

【解析】汇编语言源程序的语句类型通常有以下 3 种:

(1)指令语句:能完成特定操作功能,产生目标代码且 CPU 可执行。

(2)伪指令语句:不产生目标代码,在汇编过程中告诉汇编程序应如何汇编,并提供相关管理及控制功能。

(3)宏指令语句:特定的指令序列,汇编时凡有宏指令语句的地方都用相应指令序列目标代码插入。

【例4.5】汇编语言语句标号和变量应具备的 3 种属性是什么?各自作用是什么?

【解析】汇编语言源程序中的语句标号和变量都具备 3 种属性。

(1)语句标号具备的 3 种属性分别是段属性、偏移量属性、距离属性。

① 段属性是定义标号的程序段的段基址。

② 偏移量属性表示标号所在段的起始地址到定义该标号的地址之间的字节数。

③ 距离属性有 NEAR 和 FAR 两种,前一种可以在段内被引用,后一种标号可以在其他段被引用。

(2)变量具备的 3 种属性分别是段属性、偏移量属性、类型属性。

① 段属性是变量所代表的数据区所在段的段基址。

② 偏移量属性是变量所在段的起始地址与变量的地址之间的字节数。

③ 类型属性表示数据区中存取操作对象的大小。

【例4.6】已知数据区定义下列语句,说明变量在内存单元的分配情况。

```
DATA  SEGMENT
      A1  DB  20H,52H,2 DUP (0,? )
      A2  DB  2 DUP (2,3 DUP (1,2),0,8)
      A3  DB  'GOOD! '
      A4  DW  1020H,3050H
      A5  DD  A3
DATA  ENDS
```

【解析】需注意变量的定义类型：DB 为字节型，DW 为字型，DD 为双字型，此外要注意重复操作符 DUP 的使用。

本题中，经数据定义后的语句，其变量在内存单元的分配情况如下：

A1 变量占用 4 个字节；A2 变量占用 18 个字节；A3 变量占用 5 个字节；A4 变量占用 4 个字节；A5 变量占用 8 个字节。

【例 4.7】已知数据段中 3 个变量的数据定义如下，分析给定的 5 组指令是否正确，有错误时加以改正。

```
DATA    SEGMENT
        VAR1    DB  ?
   VAR2 DB  10
        VAR3    EQU 100
DATA    ENDS
（1）MOV VAR1,  AX
（2）MOV VAR3,  AX
（3）MOV BX,    VAR1
    MOV [BX],  10
（4）CMP VAR1,  VAR2
（5）VAR3 EQU   20
```

【解析】按照数据段中的变量定义，结合给定指令格式及其作用，逐条分析如下：

（1）MOV   VAR1,AX

该指令错误。由于变量 VAR1 定义为字节，而指令中 AX 为字寄存器，采用 MOV 指令传送数据时源操作数与目标操作数类型不匹配。

可改为：MOV   VAR1,AL

（2）MOV   VAR3,AX

该指令错误。由于在数据段中定义 VAR3   EQU 100，此时 VAR3 是一个立即数（其值为100）而不是变量。传送指令中立即数不能作为目标操作数。

可改为：MOV   AX,VAR3

（3）MOV BX,VAR1

　　　MOV[BX],10

第一条指令 MOV   BX,VAR1 是错误的，变量 VAR1 定义为字节，指令中的 BX 为字寄存器，源操作数与目标操作数类型不匹配。

可改为：MOV   BX,WORD   PTR   VAR1

注：这里采用 WORD   PTR 来改变 VAR1 的类型，使其变为字变量。

（4）CMP   VAR1,VAR2

该指令错误。在 CMP 比较指令中，源操作数与目标操作数不能同时为存储器。

可改为：MOV   AL,VAR1

            CMP   AL,VAR2

（5）VAR3   EQU   20

该指令错误。由于在数据段中已经定义 VAR3   EQU 100。而 EQU 伪指令不允许对同一符号重复定义。

【例 4.8】在数据段中定义下列语句，分析变量在内存单元的变量类型以及数据分配的存储空间。

```
DATA    SEGMENT
        B1  DB  12H,34H,56H,78H
        B2  DB  2 DUP (1,2 DUP (0,?),0,1)
        B3  DB  'BYTE!'
        B4  DW  1122H,3344H
DATA ENDS
```

【解析】本题要注意变量的定义类型和操作符 DUP 的使用，以及在内存中数据的存放规则。按照数据定义伪指令规则有如下情况：

（1）B1 变量定义为字节，其后每个操作数占一个字节；共占用 4 个字节存储空间。

（2）B2 变量定义为字节，采用重复操作符定义，DUP 前数字为重复次数，圆括号中为重复内容，占用 14 个字节存储空间。

（3）B3 变量定义 5 个字符，在内存中占用 5 个字节空间，依次保存每个字符的 ASCII 码。

（4）B4 变量定义为字数据，其后每个操作数占 2 个字节，共占用 4 个字节空间。

【例 4.9】已知从数据段有效地址 0070H 单元开始存放 50 个字节数据，编制相应程序，找出数据区中第一个为 88H 的数据，并将其在数据段中所处的位置序号存入有效地址为 1160H 的单元中。

【解析】本题给定数据段从有效地址 0070H 单元开始，按顺序存放 50 个字节数据，为了简便，数据段不再定义。

采用寄存器 CX 保存计数初值 50，用寄存器 SI 作为地址指针，将要找的字节数据 88H 保存在寄存器 AL 中，通过比较指令将内存中取出的数据与寄存器 AL 中的数据进行比较，若找到 88H，则将该数所处位置序号存入有效地址为 1160H 的单元中，否则利用循环指令继续查找。

程序的指令段编制如下：

```
        MOV  CX,50          ; 设置计数初值
        MOV  SI,0FFH        ; 地址指针初始化
        MOV  AL,88H         ; 设置要查找的数据
NEXT:INC  SI                ; 地址加 1
        CMP  AL,70H+[SI]    ; 两个数据进行比较
        LOOP NEXT           ; 若结果不是 88H 或寄存器(CX) ≠ 0 则循环
        JNZ  RT             ; 若数据 88H 不存在且寄存器(CX) = 0 则转移
        MOV  [1160H],SI     ; 保存序号至给定存储单元
    RT: RET                 ; 程序返回
```

【例 4.10】已知两个带符号字数据存放在数据段 BUF 开始的地址单元。如果两个数的符号相同，则求其差，否则求其和，结果放在 RESULT 单元，编制源程序。

【解析】在数据段定义两个字数据的存储单元，开辟一个保存结果的 RESULT 单元，采

用两数符号的判断指令来实现要求的计算，编制源程序如下：

```
DATA    SEGMENT
 BUF DW 1100H,8203H
        RESULT  DW  ?
DATA    ENDS
CODE    SEGMENT
        ASSUME  CS:CODE,DS:DATA
 START:  MOV    AX,DATA
         MOV    DS,AX           ; 初始化 DS
         MOV    DS,AX
         MOV    AX,BUF          ; 取第一个数
         MOV    BX,AX           ; 暂存第一个数
         XOR    AX,BUF+2        ; 判断两个数的符号
         JNS    L1              ; 若两个数同符号（SF=0）则转移到 L1
         ADD    BX,BUF+2        ; 两个数符号不同时进行求和计算
         JMP    L2              ; 无条件转至 L2
 L1:     SUB    BX,BUF+2        ; 若两个数同符号进行求差计算
 L2:     MOV    RESULT,BX       ; 保存结果
         RET                    ; 返回 DOS
CODE    ENDS
```

本程序中使用 XOR 指令来判断两个数的符号是否相同。当符号标志位 SF=0 时，说明两个数同符号，进行求和计算；当 SF=1 时，说明两个数符号不同，进行求差计算。最后将结果保存到指定的 RESULT 单元。

【例 4.11】求 $S=1^2+2^2+3^2+\cdots+N^2$ 的前 N 项和，当 S 的值大于 1 000 即可结束计算。

【解析】由于 N^2 可写成 N 个 N 相加的形式，所以本题采用双重循环来实现，在内循环中将 N 个 N 相加，循环次数就是 N；在外循环中计算平方和，并判断是否大于 1 000。由于 N 值从 1 到 N 逐级递增，所以 N 值可通过计数器递增进行变更。

参考程序如下：

```
CODE    SEGMENT
        ASSUME  CS:CODE
 START:  MOV    BX,0            ; 保存 N 值的 BX 初值为 0
         MOV    DX,0            ; 保存前 N 项和的 DX 初值为 0
 LOP1:   INC    BX             ; N 值递增
         MOV    CX,BX          ; 设置内循环次数
         MOV    AX,0           ; AX 清 0
 LOP2:   ADD    AX,BX          ; 计算 N²
         LOOP   LOP2           ; (CX)-1≠0 转 LOP2
         ADD    DX,AX          ; 计算前 N 项和
         CMP    DX,1000        ; 判断是否大于 1000
         JBE    LOP1           ; 结果不大于,转向 LOP1
         MOV    AH,4CH         ; 结果大于,返回 DOS 结束
         INT    21H
 CODE    ENDS
         END    START
```

【例 4.12】结构应用的程序设计。给定 3 个学生的班号、学号和政治面貌 3 项内容。规定班号占 5 个字节，学号占 2 个字节，政治面貌占 1 个字节。为了方便，学生的政治面貌采用数字来表示：党员为 1；团员为 2；群众为 3。试设计一个结构程序，统计 3 个学生中党员的学号并显示出来。

【解析】本题采用结构的定义、预置和调用，程序编制如下：

```
DATA      SEGMENT                        ; 数据段
    STUDENT STRUC                        ; 定义结构名为 STUDENT
    CLASDB '03511'                       ; 设置班号
    NO      DB ?, ?                      ; 设置学号
    PAT     DB?                          ; 设置政治面貌
STUDENT ENDS
    A1   STUDENT <'03511','05',1>        ; 预置 3 个学生的班号、学号和政治面貌
    A2   STUDENT <'03511','12', 2>
    A3   STUDENT <'03511','28',1>
DATA      ENDS
CODE      SEGMENT                        ; 代码段
    ASSUME  CS: CODE, DS: DATA
    STA     PROC FAR                     ; 定义过程名为 STA
    PUSHDS                               ; 保存返回地址
    XOR     AX,AX
    PUSH    AX
    MOV     AX, DATA                     ; 初始化 DS
    MOV     DS,AX
    MOV     DH,3
    MOV     BX,OFFSET A1                 ; 指向 A1 的第一个字节
LP: MOV     AL,[BX]: PAT                 ; 取 PAT 字段
    CMP     AL,1                         ; 判断是否是党员
    JNE     NSHOW                        ; 不是党员则转移
    MOV     CX,2
SHOW: MOV   DL,[BX]: NO                  ; 显示党员的学号
    MOV     AH,02H                       ; 系统功能调用（显示输出）
    INT     21H
    INC     BX
    LOOP    SHOW
    SUB     BX,2
NSHOW: ADD  BX,8                         ; 指向下一个结构
    DEC     DH
    JNZ     LP
    RET                                  ; 返回 DOS
    STA     ENDP
CODE      ENDS
        END     STA
```

【例 4.13】用 DOS 功能调用方式实现屏幕光标回车和换行处理，采用子程序进行编程。

【解析】使用 DOS 功能调用时注意调用的基本步骤和方法：首先在 AH 寄存器中设置系统功能调用号；其次在指定寄存器中设置入口参数；第三采用中断调用指令执行功能调用；第四根据出口参数分析功能调用的执行情况。

本题的子程序编制如下：

```
STAR PROC    FAR                          ; 定义过程名为 STAR
     PUSH    AX                           ; 保护现场
     PUSH    DX
     MOV     DL,0DH                       ; 入口参数, 回车 CR 的 ASCII 码
     MOV     AH,02H                       ; 设置系统功能号
     INT     21H                          ; DOS 调用, 显示字符
     MOV     DL,0AH                       ; 入口参数, 换行 LR 的 ASCII 码
     MOV     AH,02H                       ; 设置系统功能号
     INT     21H                          ; DOS 调用, 显示字符
     POP     DX                           ; 恢复现场
     POP     AX
     RET                                  ; 子程序返回
STAR ENDP                                 ; 过程结束
```

【例 4.14】将输入及输出字符的 DOS 功能调用放在一个宏定义中, 通过判断参数为 0 还是非 0 来选择是执行汇编输入还是输出的 DOS 功能。

【解析】本题所编制的程序中含有条件汇编语句。

```
INOUT    MACRO X
         IF X
         MOV AH,02H
         INT 21H                          ; 输出 DL 中的字符
         ELSE
         MOV  AH,01H
         INT 21H                          ; 输入一个字符到 AL
         ENDIF
         ENDM
```

当宏调用为 INOUT 0 时, 表明传递给 X 的值为 0, 此时 IF X 条件为假, 只汇编 ELSE 与 ENDIF 之间语句, 对该宏调用来说, 实际执行下面两条指令:

```
         MOV  AH,01H
         INT  21H
```

当宏调用为 INOUT 1 时, 实际执行下面两条指令:

```
         MOV  AH,02H
         INT  21H
```

【例 4.15】高级汇编综合应用程序设计分析。

【解析】本题综合运用了重复汇编和宏汇编。将 10 个自然数的 ASCII 码值存入内存指定单元, 设置回车换行的宏调用, 在屏幕上分行输出 10 个自然数。

```
DATA SEGMENT
     AA=30H
     REPT 10                              ; 重复汇编, 数字的 ASCII 码
     DB AA
     AA=AA+1
     ENDM
DATA ENDS
CRLF MACRO                                ;宏定义——回车换行
     MOV AH,02H
     MOV DL,0DH
     INT 21H
```

```
            MOV DL,0AH
            INT 21H
ENDM
CODE SEGMENT
   ASSUME CS:CODE,DS:DATA
 START:  MOV AX,DATA
         MOV DS,AX
         MOV CX,10           ;取 10 个数计数
         MOV BX,[0000]       ;取数据首地址
    QQ:  MOV AL,[BX]         ;从内存单元取数
         MOV DL,AL
         MOV AH,02H          ;输出单个数字字符
         INT 21H
         INC BX              ;地址加 1
         CRLF                ;宏指令调用
         LOOP QQ             ;循环处理
         MOV AH,4CH
         INT 21H
    CODE ENDS
         END START
```

4.3　思考与练习题解答

一、选择题

1. C　　　　2. B　　　　3. C　　　　4. A　　　　5. A　　　　6. D

二、填空题

1. ①CPU 指令系统；②指令助记符；③符号地址。

2. ①[名字] 操作符 [操作数] [;注释]；②操作符。

3. ①发送给 CPU 的命令，每条指令对应 CPU 一种特定操作；②CPU；③发送给汇编程序的命令；④汇编程序；⑤程序中一段具有独立功能的代码；⑥程序功能段较短且传送参量较多。

4. ①子程序说明、现场保护及恢复、子程序体、子程序返回；②寄存器传递、堆栈传递和存储器传递。

5. ①文件、设备、内存；②对用户程序和系统程序提供主要外围设备的控制。

6. 程序段中各条指令的含义如下：

```
; 累加器 AX 清 0
; BX 寄存器赋初值为 1
; 计数器 CX 赋初值为 5
; 进行累加运算，结果保存在 AX 器
; BX 寄存器每次递增为 2
; 循环指令，进行 CX-1 操作并判断 CX 是否为 0，若为 0 则退出循环
; 程序暂停
```

（1）计算 10 以内的 5 个奇数之和，即(AX)=1 + 3 + 5 + 7 + 9。

（2）①0019H；②000BH；③0000H。

三、判断题

1. √　　　　2. √　　　　3. √　　　　4. √　　　　5. √

四、简答题

1. 【解答】一个完整的汇编语言源程序应由数据段、堆栈段和代码段等组成。

各逻辑段作用：

（1）数据段用来在内存中建立一个适当容量的工作区，存放常数、变量等程序需要的操作数据。

（2）堆栈段用来在内存中建立一个适当的堆栈区，在中断处理、子程序调用时使用。

（3）代码段包括若干指令系统提供的指令，其内容是程序要执行的具体操作。

汇编语言源程序各逻辑段的基本格式如下：

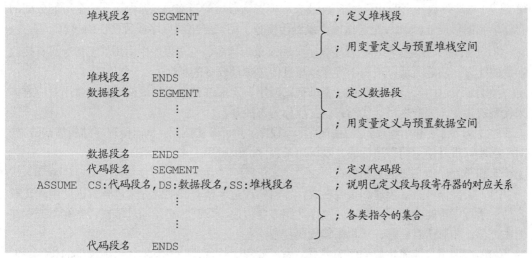

2. 【解答】按照题目要求编制好一个汇编语言源程序后，就要在计算机上进行相关操作，其过程如下：

（1）建立源程序文件：可采用编辑软件 EDIT.COM 建立和编辑源程序文件，通过键盘输入源程序并存盘，文件扩展名为.ASM。

（2）对源程序进行汇编：使用宏汇编程序 MASM.EXE 对指定源程序进行汇编，生成扩展名为.OBJ、.LST 和.CRF 的文件。若源程序中有错误，可根据提示的错误信息重新进行编辑、修改、汇编，直到无错为止。

（3）连接程序：使用连接程序 LINK.EXE 对汇编程序产生的目标文件进行连接，产生可执行程序文件，扩展名为.EXE。

（4）运行程序：扩展名为.EXE 的可执行文件在 DOS 命令状态下输入文件名即可运行。

（5）调试程序：可使用调试程序 DEBUG.COM 提供的单步、设断点、跟踪等方法调试并执行程序；根据需要预置、检查和修改有关寄存器、内存单元及标志的内容；观察程序运行状态、检查运行结果，发现程序的逻辑错误，及时修正以得到正确的程序。

3. 【解答】伪指令是发送给汇编程序的命令，在汇编过程中由汇编程序进行处理，如定义数据、分配存储区、定义段及定义过程等。

程序中常用的伪指令及其功能有以下几类：

（1）数据定义伪指令：定义变量类型，给变量分配存储单元并将所需数据放入指定存储单元。

（2）符号定义伪指令：给一个符号重新命名，或定义新类型属性。符号可包括汇编语言变量名、标号名、过程名、寄存器名和指令助记符等。

（3）段定义伪指令：在程序中定义逻辑段，指定段名称和范围，并指明段的定位类型、组合类型及类别。

（4）过程定义伪指令：将一些重复出现的语句组定义为子程序（又称过程），可采用 CALL 指令来调用。

（5）结构定义伪指令：将相互关联的一组数据用伪指令 STRUC 和 ENDS 组合起来构成一个完整的结构。

（6）模块定义与连接伪指令：编写规模较大的汇编语言源程序时，可将整个程序划分为若干独立模块，各模块分别进行汇编，生成各自目标程序，最后将其连接成为一个完整的可执行程序。

（7）程序计数器$和 ORG 伪指令：$表示位置计数器的当前值，为程序下一个所能分配的存储单元偏移地址。ORG 是起始位置设置伪指令，用来指出源程序或数据块的起点。

4.【解答】将多次使用的程序段定义为一条宏指令，可在程序中引用。宏指令具有接收参量的能力，功能灵活，适用于程序较短且传送参量较多的场合。

经宏定义后的宏指令可在程序中进行宏调用，宏汇编程序遇到该调用时，就用对应宏体来代替宏指令，并产生目标代码，该过程称为宏展开。

5.【解答】宏和子程序都可用来简化源程序，并可多次调用，从而使程序结构简洁清晰。对于那些需重复使用的程序模块，既可用子程序，也可用宏来实现。

宏和子程序的主要区别如下：

（1）宏操作可直接传递和接收参数，不需要通过堆栈等其他媒介来进行，因此编程比较容易；子程序不能直接带参数，子程序之间需要传递参数时，必须通过堆栈、寄存器或存储器来进行，相对于宏而言，子程序编程要复杂一些。

（2）宏调用只能简化源程序的书写，缩短源程序长度，并没有缩短目标代码的长度，汇编程序处理宏指令时把宏体插到宏调用处，目标程序占用内存空间并不因宏操作而减少；子程序调用能缩短目标程序长度，因为子程序在源程序目标代码中只有一段，无论主程序调用多少次，除增加 CALL 和 RET 指令的代码外，并不增加子程序段代码。

（3）引入宏操作并不会在执行目标代码时增加额外的时间开销；相反，子程序调用由于需要保护和恢复现场及断点，会延长目标程序的执行时间。

所以，当要代替的程序段较短，速度是主要矛盾时，通常采用宏指令；当要代替的程序段较长，节省存储空间是主要矛盾时，通常采用子程序。

五、设计题

1.【解答】本题要求将两个字数据求和，结果送回内存指定单元，采用顺序结构程序实现给定计算。

参考程序如下：

```
DATA      SEGMENT                      ; 定义数据段
          A DW 1234H                   ; 设定变量 A 并赋初值
          B DW 5678H                   ; 设定变量 B 并赋初值
          RESULT DW ?                  ; 开辟保存结果的单元
DATA      ENDS
CODE      SEGMENT                      ; 定义代码段
          ASSUME  CS:CODE,DS:DATA
START:    MOV     AX,DATA              ; 初始化 DS
          MOV     DS,AX
          MOV     AX,A                 ; 将 A 中的数据送 AX
```

```
            MOV      BX,B                    ; 将 B 中的数据送 BX
            ADD      AX,BX                   ; 计算 A+B
            MOV      RESULT,AX               ; 结果送 RESULT 单元
            MOV      AH,4CH                  ; 返回 DOS
            INT      21H
     CODE   ENDS
            END      START                   ; 汇编结束
```

2. 【解答】本题要求按给定表达式 S=(A+B)/2–2(A AND B)进行运算处理，涉及 3 个变量 A、B 和 S，需要在数据段进行定义。

从表达式中可看出，A 和 B 两个变量参与运算，要在数据段定义具体数值，运算产生的结果送 S 单元存储。除 2 操作可采用除法，但因为乘除运算效率较低，所以通常采用移位指令来实现，本题采用顺序结构实现。

参考程序如下：

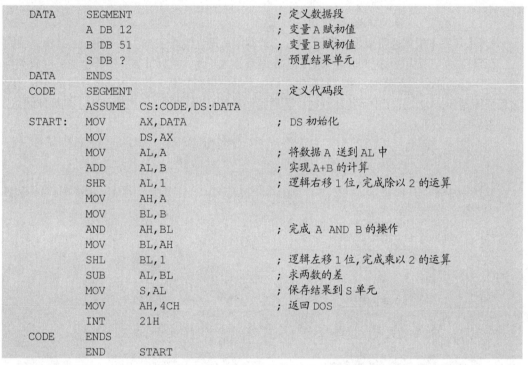

```
    DATA    SEGMENT                          ; 定义数据段
            A DB 12                          ; 变量 A 赋初值
            B DB 51                          ; 变量 B 赋初值
            S DB ?                           ; 预置结果单元
    DATA    ENDS
    CODE    SEGMENT                          ; 定义代码段
            ASSUME   CS:CODE,DS:DATA
    START:  MOV      AX,DATA                 ; DS 初始化
            MOV      DS,AX
            MOV      AL,A                    ; 将数据 A 送到 AL 中
            ADD      AL,B                    ; 实现 A+B 的计算
            SHR      AL,1                    ; 逻辑右移 1 位,完成除以 2 的运算
            MOV      AH,A
            MOV      BL,B
            AND      AH,BL                   ; 完成 A AND B 的操作
            MOV      BL,AH
            SHL      BL,1                    ; 逻辑左移 1 位,完成乘以 2 的运算
            SUB      AL,BL                   ; 求两数的差
            MOV      S,AL                    ; 保存结果到 S 单元
            MOV      AH,4CH                  ; 返回 DOS
            INT      21H
    CODE    ENDS
            END      START
```

3. 【解答】本程序采用分支结构实现，根据 X 的取值范围来确定转向哪个分支。判断过程可使用 CMP 指令与 0 和 10 分别进行比较，根据结果实现跳转。X 和 S 是两个需要定义的变量，X 中是要处理的数据，S 中要保存运算结果。

参考程序如下：

```
    DATA    SEGMENT                          ; 定义数据段
            X DW 34
            S DW ?
    DATA    ENDS
    CODE    SEGMENT                          ; 定义代码段
            ASSUME   CS:CODE,DS:DATA
    START:  MOV      AX,DATA
            MOV      DS,AX
```

```
        MOV     AX,X              ; 将 X 送到 AX 中
        CMP     AX,0             ; 判断(AX)>0 吗?
        JG      DOUB             ; 是,转向 DOUB
        CMP     AX,10            ; 判断是否(AX)<10
        JLE     TRIB             ; 是,转向 TRIB
        SAL     AX,1             ; 否,利用算术左移指令实现乘以 4 的运算
        SAL     AX,1
        JMP     EXIT             ; 无条件跳转至 EXIT
DOUB:   SAL     AX,1             ; 利用算术左移指令乘以 2
        JMP     EXIT
TRIB:   SAL     AX,1             ; 完成乘以 3 的运算
        ADD     AX,X
EXIT:   MOV     S,AX             ; 保存结果至 S 单元
        MOV     AH,4CH           ; 返回 DOS
        INT     21H
CODE    ENDS
        END     START
```

4. 【解答】根据题目要求,利用 DOS 功能调用从键盘输入字符,可采用循环结构连续输入,在字符输入过程中通过判断是否是回车来结束输入。为了统计非数字字符个数,可依次将输入的字符送连续的存储单元中,然后对存储单元的值进行判断,其值为非数字时则计数。此过程采用循环结构,程序中字符比较时,若遇到回车符 CR(ASCII 码值为 0DH)则循环结束。

参考程序如下:

```
DATA    SEGMENT                          ; 定义数据段
        BUF DB 20H DUP (?)               ; 开辟存储空间
        CNT DB ?                         ; 开辟计数单元
DATA    ENDS
CODE    SEGMENT
        ASSUME  CS:CODE,DS:DATA
START:  MOV     AX,DATA
        MOV     DS,AX
        LEA     SI,BUF                   ; SI 指向 BUF 首地址单元
        MOV     DL,0                     ; 计数器 DL 清 0
NEXT1:  MOV     AH,01H                   ; 调用 DOS 的 1 号功能
        INT     21H                      ; 键盘输入一个字符
        MOV     [SI],AL                  ; 输入字符送缓冲区
        INC     SI                       ; 地址加 1
        CMP     AL,0DH                   ; 判断是否为【Enter】键
        JZ      EXIT                     ; 若输入【Enter】键则转 EXIT
        CMP     AL,30H                   ; 判断输入字符 ASCII 码是否大于等于 30H
        JGE     NEXT                     ; 是,转 NEXT
        INC     DL                       ; 否,计数器加 1
        JMP     NEXT1                    ; 转循环入口
NEXT:   CMP     AL,39H                   ; 判断输入字符 ASCII 码是否小于等于 39H
        JBE     NEXT1                    ; 是,转 NEXT1
        INC     DL                       ; 否,计数器加 1
        JMP     NEXT1                    ; 转循环入口 NEXT1
EXIT:   MOV     CNT,DL                   ; 统计结果送 CNT 单元
        MOV     AH,4CH                   ; 返回 DOS
        INT     21H
CODE    ENDS
        END     START
```

5.【解答】本题从键盘连续接收 10 个小写字母，转换成大写字母后存入指定内存区域。转换后结果的显示可通过 DOS 功能调用的 2 号功能，从内存单元中将要显示的大写字母的 ASCII 码放入 DL 中。本题采用循环结构进行程序设计。

参考程序如下：

```
DATA      SEGMENT                    ; 定义数据段
          BUF DB 10 DUP (?)          ; 开辟存储空间
DATA      ENDS
CODE      SEGMENT
          ASSUME  CS:CODE,DS:DATA
START:  LEA       SI,BUF             ; 取内存单元首地址至 SI
MOV     CX,10                        ; 设计计数初值
NEXT:   MOV       AH,01H             ; 调用 DOS 功能，从键盘输入单个字符
        INT       21H
        SUB       AL,20H             ; 将小写字母转为大写字母
        MOV       [SI],AL            ; 结果存入指定内存单元
        INC       SI                 ; 地址加 1
  AA:   LOOP      NEXT               ; (CX)-1≠0 转 NEXT
        MOV       CX,10              ; 给计数器重赋初值
        MOV       SI,0               ; 将地址寄存器赋值为 0
  BB:   MOV       DL,[SI]            ; 将内存单元的大写字母送 DL
        MOV       AH,02H             ; DOS 功能调用，显示结果
        INT       21H
        INC       SI,1               ; 地址加 1
        LOOP      BB                 ; (CX)-1≠0 转 BB
EXIT:   MOV       AH,4CH             ; 返回 DOS
        INT       21H
CODE    ENDS
        END       START
```

6.【解答】此程序可采用循环与分支结合的结构。在循环体中完成对数组中数字符号的判断，为正数时，使计数器 BL 计数；为负数时，使计数器 BH 计数。程序中循环次数与数组个数一致。完成判断并计数后，分别将统计结果送到内存单元 A 和 B 中。

参考程序如下：

```
DATA      SEGMENT               .
          BUF DB 45,50,-34,40,4,15,29,-1,-2,-59
          CN EQU $-BUF
          A DB ?
          B DB ?
DATA      ENDS
CODE      SEGMENT
          ASSUME  CS:CODE,DS:DATA
START:  MOV       AX,DATA
        MOV       DS,AX              ; 初始化 DS
        LEA       SI,BUF             ; SI 指向数据首单元地址
        MOV       CX,CN              ; 数据个数送 CX
        MOV       BX,0               ; 对 BX 清 0
  LP:   MOV       AL,[SI]            ; 从内存单元取出一个数据送 AL
        INC       SI                 ; 地址加 1
        TEST      AL,80              ; 测试数据的正负
        JZ        NEXT               ; 结果为正数，转 NEXT
        INC       BH                 ; 否则，负数计数器 BH 加 1
```

```
                JMP     EXIT              ; 无条件跳转至 EXIT
        NEXT:   INC     BL                ; 正数计数器 BL 加 1
        EXIT:   LOOPLP                    ; (CX)-1≠0 转 LP
                MOV     A,BL              ; 送正数的计数结果
                MOV     B,BH              ; 送负数的计数结果
                MOV     AH,4CH            ; 返回 DOS
                INT     21H
        CODE    ENDS
                END     START
```

7. 【解答】此程序可采用循环结构实现, 采用冒泡法完成对给定数据的大小比较, 并按照从大到小的顺序存入指定的内存区域。

参考程序如下:

```
DATA    SEGMENT
        AA  DB  2,-1,6,-5,7,-7,9,-2,8,-3,4,1,3,-4,5,-6
        CN  EQU  $-AA
DATA    ENDS
CODE    SEGMENT
        ASSUME  CS:CODE,DS:DATA
START:  MOV     AX,DATA
        MOV     DS,AX             ; 初始化 DS
        MOV     CX,CN-1           ; 外循环次数送计数器 CX
 LP1:   LEA     SI,AA             ; 取 AA 区域有效地址至 SI
        PUSH    CX                ; 外循环计数器 CX 入栈
LP2:    MOV     AL,AA[SI]         ; 取出一个数送 AL
        CMP     AL,AA[SI+1]       ; 两数比较
        JGE     NEXT              ; 大于等于转 NEXT
        XCHG    AL,AA[SI+1]       ; 否则两数交换位置
        MOV     AA[SI],AL
NEXT:   INC     SI                ; 地址加 1
        LOOP    LP2               ; (CX)-1≠0 转 LP2
        POP     CX                ; 退出内循环, CX 内容出栈
        LOOP    LP1               ; (CX)-1≠0 转 LP1
        MOV     AH,4CH            ; 返回 DOS
        INT     21H
CODE    ENDS
        END     START
```

8. 【解答】由于 4 位二进制数可表示 1 位十六进制数, 可以把给定十六进制数放在寄存器 AL 中, 将高 4 位屏蔽掉, 只保留低 4 位。然后判断这 4 位二进制数是否大于 9, 若不大于 9, 则将其加上 30H 即可转换为 0~9 的 ASCII 码; 否则, 加上 37H 将其转换为 A~F 的 ASCII 码。

下面宏定义中, 将十六进制数存储在 AL 寄存器中, 针对 AL 进行转换。

参考程序如下:

```
HEXTOA    MACRO               ; 进行宏定义
          AND AL,0FH          ; 屏蔽 AL 的高 4 位
          CMP AL,9            ; 判断低 4 位的值是否大于 9
          JNA HEXTOA1         ; 结果不大于 9 转 HEXTOA1
          ADD AL,07H          ; 否则加上 07H
HEXTOA1:  ADD AL,30H          ; 加上 30H
          ENDM                ; 宏定义结束
```

总 线 技 术 «‹‹

学习要点：

- 总线的概念及结构。
- 总线分类及应用特点。
- 常用系统总线的结构及特性。
- 常用局部总线的结构及特性。
- 常用外围设备总线及其应用。

5.1 本章重点知识

5.1.1 总线技术概述

1. 总线的概念

（1）总线是微型计算机系统中多个部件之间公用的一组连线，由它构成芯片、插件或系统之间的标准信息通路。

（2）总线是系统中各个部件信息交换的公共通道，各部件之间的联系都是通过总线实现的。

2. 计算机采用总线的目的

微型计算机采用总线技术的目的是为了简化软硬件的系统设计。

（1）硬件方面只需按总线规范设计插件板，保证其具有互换性与通用性，支持系统的性能及系列产品的开发。

（2）接插件的硬件结构带来了软件设计的模块化，用标准总线连接的计算机系统结构简单清晰，便于扩充与更新。

3. 总线的结构

按照应用特点，微机总线组成结构有如下几种形式：

（1）单总线结构：将 CPU、主存、I/O 设备都挂在一组总线上，允许 I/O 之间、I/O 与主存之间直接交换信息。可用于数据传输需求量和传输速度要求不太高的场合。

（2）双总线结构：将速度较低的 I/O 设备从单总线上分离出来，形成存储总线与 I/O 总线分开的结构。存储总线连接 CPU 和主存，I/O 总线用来建立 CPU 和各 I/O 设备之间交换信息的通道。

（3）多总线结构：微机系统中采用 DMA 控制器可形成三总线结构，主存总线用于 CPU 与主存之间信息传输；I/O 总线供 CPU 与各类 I/O 设备间信息传递；DMA 总线用于高速外设（如磁盘等）与主存间直接交换信息。

4. 总线的分类

按照总线的位置、功能、层次结构等有如下分类方法：

（1）按相对于 CPU 芯片的位置分为内总线和外总线。

（2）按总线功能分为数据总线、地址总线和控制总线。

（3）按总线的层次结构分为 CPU 总线、存储器总线、系统总线、局部总线、外围设备总线。

5．总线标准及其特点

总线标准是计算机系统与各模块、模块与模块之间进行互连的标准界面。按总线标准设计的接口可视为通用接口。

总线标准有两类：一类是 IEEE（美国电气及电子工程师学会）定义与解释，如 IEEE-488 和 RS-232C 串行接口标准等；另一类是因广泛应用而被大家接受与公认的标准，如 S-100 总线、IBM PC 总线、ISA 总线、PCI 总线等。

采用标准总线具有以下特点：

（1）简化了系统设计及结构、易于扩展、便于更新及调试。

（2）不仅电气上规定各种信号的标准电平、负载能力和定时关系，在结构上也规定了插件尺寸规格和引脚定义，各模块可实现标准连接。

（3）每种类型的总线都有各自的规范，便于系统组成，且各类厂家的产品可互连互换，兼容性好。

6．总线的性能指标

表述总线的性能一般采用以下指标：

（1）总线宽度：可同时传送的二进制数据位数，如 PCI 总线宽度为 32 位到 64 位。

（2）数据传输速率：单位时间内总线上可传送的数据总量，单位为 MB/s（兆字节/秒）。

（3）总线频率：与系统的时钟频率对应，也是总线工作速度的一个重要参数，工作频率越高，传送速度越快，如 PCI 总线频率为 33.3 MHz。

（4）时钟同步/异步：总线上数据与时钟同步工作称为同步总线，与时钟不同步的称为异步总线。

（5）总线复用：为提高总线利用率和优化设计，将地址总线和数据总线共用一条物理线路，在不同时刻总线传输地址或数据信号。

7．总线传输和控制

（1）总线传输要经过总线请求和仲裁、寻址、数据传送、结束等 4 个阶段。

（2）总线传输控制有同步传输方式和异步传输方式两种。同步传输以数据块为单位，速度快，但成本高，适合近距离通信；异步传输将二进制编码信息按位分时串行传送，通信设备简单、成本低，但速度较慢，适合远距离通信。

5.1.2　系统总线

系统总线是主板上微处理器和外围设备之间进行通信时采用的数据通道，可支持各种端口、处理器、RAM 和其他部件。ISA（Industry Standard Architecture，工业标准体系结构）总线是早期比较有代表性的系统总线。

1．8 位 ISA 总线

（1）8 位 ISA 总线也称 PC 总线，支持 8 位数据传输和 10 位寻址空间，将 CPU 视为总线的唯一总控设备，其余外围设备均为从属设备。具有价格低、可靠性好、使用灵活、对插板兼容性好等特点。

（2）8 位 ISA 总线是一种开放式结构总线，总线母板上有 8 个系统插槽，用于 I/O 设备和主机连接。总线引脚信号 62 条，分 A、B 两面连接插槽，其中 A 面为元件面，B 面为焊接面。符合 ISA 总线标准的接插件可方便插入，以便对微机系统进行功能扩展。

2．16 位 ISA 总线

（1）也称 PC/AT 总线，在 PC 总线 62 引脚基础上增加一个 36 引脚插槽，形成前 62 引脚和后 32 引脚两个插座。可利用前 62 引脚插座插入与 PC/XT 总线兼容的 8 位接口电路卡，也可用整个插座插入 16 位接口电路卡。

（2）16 位 ISA 总线前 62 引脚信号分布及其功能与 8 位 ISA 总线基本相同，新增加的 36 引脚插槽信号扩展了数据线、地址线、存储器和 I/O 设备读/写控制线、中断和 DMA 控制线、电源和地线等。新插槽中引脚信号分为 C（元件面）和 D（焊接面）两列。

3．ISA 总线特点

一般来说，ISA 总线具有以下特点：

（1）支持 8 位、16 位数据操作，兼容性好。

（2）总线运行速度提升至 8 MHz，还提供最大 8 MB/s 的数据传输速率。

（3）强调 I/O 处理能力，提供 1 KB 的 I/O 空间、15 级硬件中断、7 级 DMA 通道、8 个设备的负载能力。

（4）总线中的地址、数据线采用非多路复用形式，使系统的扩展设计更为简便。

（5）ISA 总线是一种多主控设备总线，可供选择的 ISA 插件卡品种较多。

5.1.3　局部总线

局部总线具有较快的传输速率，可保证系统总线的性能，目前已得到广泛地应用。

1．PCI 总线

（1）PCI（Peripheral Component Interconnect，外部组件互连）总线是目前最常用的系统总线，专门为 Pentium 系列芯片设计。

（2）PCI V2.0 版本支持 32/64 位数据总线，总线时钟 25～33 MHz，数据传输速率 132～264 Mbit/s。PCI V2.1 版本支持 64 位数据总线，总线速度 66 MHz，最大数据传输速率 528 Mbit/s。PCI Express 传输速率可达每秒 8 GB。

（3）PCI 总线应用特点

① 数据线和地址线复用，减少总线引脚数，节约线路空间，降低设计成本。

② 提供 5 V 和 3.3 V 两种工作信号环境，可在两种环境中根据需要进行转换。

③ 允许 32 位与 64 位器件相互协作。

④ 允许 PCI 局部总线扩展卡和元件自动配置，提供即插即用能力。

⑤ 独立于处理器，工作频率与 CPU 时钟无关，可支持多机系统。

⑥ 具有良好的兼容性，支持 ISA、MCA、SCSI、IDE 等多种总线，同时还预留发展空间。

（4）PCI 系统中，处理器与 RAM 位于主机总线上，PCI 负责将数据交给 PCI 扩展卡或设备，如需要也可将数据导向 ISA、EISA、MCA 等总线或控制器，驱动 PCI 总线的全部控制由 PCI 桥实现。

2．AGP 总线

（1）AGP（Accelerated Graphics Port，图形加速接口）总线以 66 MHz PCI Revision 2.1 规范为基础，目的是解决高速视频或高品质画面的显示。

（2）AGP 总线是对 PCI 总线的扩展和增强，但 AGP 接口只能为图形设备独占，不具有一般总线的共享特性。采用 AGP 接口时允许显示数据直接取自系统主存储器，而无须先预取至视频存储器中。

（3）AGP 总线采用地址和数据多路复用，把整个 32 位数据总线留出来给图形加速器，同时，采用内存请求流水线技术，允许系统处理图形控制器对内存进行多次请求。

（4）AGP 总线还通过把图形接口绕行到专用的适合传输高速图形、图像数据的 AGP 通道上，解决了 PCI 带宽问题。

5.1.4 外围设备总线

1. USB 总线

（1）USB（Universal Serial Bus，通用串行总线）是一种支持即插即用的新型串行接口。由控制器、控制器驱动程序、USB 芯片驱动程序、USB 设备及其驱动程序五部分组成。

（2）USB 总线特点：

① 使用简单，易于操作。向所有 USB 设备提供单一标准化的连接方式，支持即插即用，支持热插拔。为 USB 设计的驱动程序和应用软件可自动启动，无须用户干预。

② 速度快。USB V2.0 规范提供 480 Mbit/s 数据传输速率，可适应各种不同类型的外设。

③ 支持多设备连接。USB 接口支持多个不同设备的串行连接，一个 USB 接口理论上可连接 127 个 USB 设备，连接方式十分灵活。

④ 独立供电。USB 传输线中的两条电源线可提供 5 V 电源供 USB 设备使用。

（3）USB 总线数据传输类型：

① 控制（Control）传输：用于主机和 USB 外设的端点间传输，数据量较小且实效性要求不高。

② 同步（Isochronous）传输：用来连接需要连续传输的外围设备，对数据的正确性要求不高，但对时间较敏感。

③ 中断（Interrupt）传输：用于定时查询设备是否有中断数据要传输，应用在少量、分散、不可预测数据的传输。

④ 批量（Bulk）传输：用于大量传输和接收数据，对数据的实效性要求不高。

2. IEEE l394 总线

（1）IEEE 1394 是一种新型高速串行总线，主要应用于带宽要求超过 100 kbit/s 的硬盘和视频外设等场合。

（2）IEEE l394 特点

① 采用基于内存的地址编码，具有高速传输能力。

② 采用同步传输和异步传输两种数据传输模式。

③ 实现即插即用并支持热插拔。

④ 采用"级联"方式连接各外围设备。

⑤ 能够向被连接的设备提供电源。

⑥ 采用对等结构（Peer to Peer）。

3. I^2C 总线

（1）I^2C 总线（Inter IC Bus）是由 Philips 公司推出的一种芯片间的串行通信总线，广泛应用于单片机系统中，对单片机的应用开发带来如下好处：

① 最大限度地简化结构。

② 实现电路系统的模块化、标准化设计。

③ 标准总线模块的组合开发方式大大地缩短了新品种的开发周期。

④ 总线各结点具有独立电气特性，可灵活接入或撤除。

⑤ 系统的构成具有最大的灵活性。

⑥ 总线系统方便对电路进行故障诊断与跟踪，可维护性好。

（2）I^2C 总线特点：

① 二线传输。

② 系统中有多个主器件时，都可作为总线的主控制器。

③ 总线传输时采用状态码管理方法。

④ 系统中所有外围器件及模块采用器件地址及引脚地址的编址方法。

⑤ 所有带 I^2C 接口的外围器件都具有应答功能。

⑥ I^2C 总线电气接口有严格的规范。

（3）目前，Philips 及 I^2C 总线器件，除带有 I^2C 总线的单片机、常用的通用外围器件外，在家电产品、电讯、电视、音像产品中已发展了成套 I^2C 总线器件，I^2C 总线系统已得到广泛的应用。

5.2 典型例题解析

【例 5.1】简述 16 位 ISA 总线的特点。

【解析】16 位 ISA 总线是在 IBM PC/AT 机上使用的总线，又称 PC/AT 总线，是为 80286 CPU 而设计的。

16 位 ISA 总线特点：将微处理器芯片总线经缓冲后直接接到系统总线上，在 PC 总线基础上增加一个 36 插脚的 AT 插槽而形成；使数据总线由 8 位增至 16 位；地址总线由 20 位增至 24 位；可寻址 16 MB 的存储空间。

【例 5.2】分析 PCI 总线的作用、组成结构及其特点。

【解析】PCI 总线解决了微处理器与外围设备之间的高速通道，总线频率 33 MHz，总线宽度 32 位，并可扩展到 64 位，带宽 132 ~ 264 Mbit/s。

PCI 总线与 ISA 总线完全兼容，结构示意如图 5-1 所示。

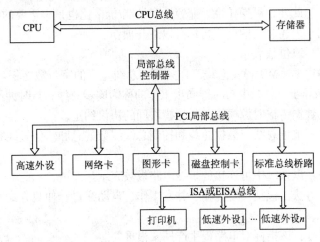

图 5-1 PCI 系统结构示意图

PCI 总线的主要特点：

（1）性能高，兼容性好。

（2）独立于处理器，支持即插即用。

（3）支持多主设备能力。

（4）保证了数据的完整性和优良的软件兼容性。

【例 5.3】为什么要引入局部总线？局部总线有什么特点？

【解析】早期的扩充总线（如 ISA 总线）工作频率低，不能满足图形、视频、网络接口等高数据传输率 I/O 设备的要求。局部总线是在处理器系统总线与传统扩充总线之间插入一个总线层次，其频率高于传统扩充总线，专门连接高速 I/O 设备，满足它们对传输速率的要求。

局部总线与系统总线经桥接器相连，局部总线与传统扩充总线也经桥接器相连，3 个层次的总线相互隔开，各自工作在不同的频宽上，以适应不同模块的需要。

【例 5.4】简述 USB 总线的应用。

【解析】USB 总线作为标准外设接口在计算机外设的扩展方面有着广泛的应用前景，正在成为各种新型应用的通用连接标准，包括数据采集、测试测量等，并且在工业控制系统、虚拟仪器等方面也有着重要的发展潜力。

（1）USB 扫描仪使用简便，用户只需放好要扫描的图文，按一下扫描仪按钮，屏幕上会自动弹出扫描仪驱动软件和图像处理软件，并实时监视扫描过程。

（2）USB 数码照相机、摄像机更得益于 USB 的高速数据传输能力，使大容量图像文件传输在短时间内即可完成。

（3）USB 在音频系统中应用的代表产品是 Microsoft Digital Sound System 80（微软数字声音系统 80），使用该系统可把数字音频信号传送到音箱，不再需要声卡进行数/模转换，音质也较以前有一定提高。

（4）USB 技术在输入设备上的应用很成功，USB 键盘、鼠标器以及游戏杆都表现得极为稳定。

【例 5.5】定性分析微型计算机总线的性能指标。

【解析】微型计算机总线的主要职能是负责计算机各模块间数据传输，性能指标中最主要的是数据传输速率，此外，可操作性、兼容性和性能/价格比也是很重要的技术特征。

具体来说，用于表述总线的性能指标有以下几项：

（1）总线宽度：以位数表示。

（2）标准传输速率（MB/s）：总线工作频率与总线宽度的字节数之积。

（3）时钟同步/异步：总线中与时钟同步工作的称为同步总线；与时钟不同步工作的称为异步总线。取决于数据传输时源模块与目标模块间的协议约定。

（4）信号线数：地址总线、数据总线和控制总线线数的总和。信号线数与系统的复杂程度成正比关系。

（5）负载能力：以系统中可连接的扩展电路板数表示。

（6）总线控制方法：包括突发传输、并发工作、自动配置、仲裁方式、逻辑方式、中断方式等内容。

（7）扩展板尺寸：该指标对电路板生产厂家很重要。

5.3 思考与练习题解答

一、选择题

1. C   2. B   3. A   4. C   5. C   6. D

二、填空题

1. ①多个部件之间公用的；②信息交换的；③芯片、插件或系统之间的。

2. ①内部总线、系统总线和外部总线；②系统总线；③外部总线。

3. ①可同时传送的二进制数据的位数，即数据总线的根数；②在单位时间内总线上可传送的数据总量，又称总线带宽。

4. ①高速图形接口局部总线；②解决高速视频或高品质画面的显示等。

5. ①通用串行总线；②使用方便、即插即用、热插拔、数据传输速率高、适应各种不同类型外设、连接灵活、独立供电。

6. ①新型的高速串行；②硬盘、图像和视频产品等。

三、简答题

1. 【解答】微机系统采用标准总线具有简化系统设计，简化系统结构，易于系统扩展，便于系统更新以及便于系统调试和维修等特点。可使微型计算机应用系统朝着模块化、标准化的方向发展。

2. 【解答】PCI 总线的主要特点表现在以下几方面：

（1）数据线和地址线复用，减少了总线引脚数。

（2）提供 5V 和 3.3V 两种工作电压，可根据需要进行转换，扩大了适应范围。

（3）允许 32 位与 64 位器件相互协作。

（4）允许总线扩展卡和元件自动配置，提供即插即用的能力。

（5）独立于处理器，工作频率与 CPU 时钟无关，可支持多机系统。

（6）具有良好的兼容性，支持 ISA、MCA、SCSI、IDE 等多种总线，预留了发展空间。

PCI 总线结构与 ISA 总线结构的主要不同点在于：

PCI 总线允许在一个总线中插入 32 个物理部件，每个物理部件最多可含有 8 个不同功能的部件。PCI 系统中处理器与 RAM 位于主机总线上，具有 64 位数据通道和更宽更高的运行速度，驱动 PCI 总线的全部控制由 PCI 桥实现。

在 ISA 总线构成的微机系统中，当内存速度较快时常将内存移出 ISA 总线并转移到内存总线上，系统内部采用高速总线，DRAM 通过内存总线与 CPU 进行高速信息交换。ISA 总线以扩展插槽形式对外开放，磁盘控制器、显示卡、声卡、打印机等接口卡均可插在 8 MHz、8/16 位 ISA 总线插槽上，以实现 ISA 支持的各种外设与 CPU 的通信。

3. 【解答】AGP 总线是高速图形接口的局部总线标准，只能为图形设备独占，不具有一般总线的共享特性。

AGP 总线主要特点如下：

（1）具有双重驱动技术，允许在一个总线周期内传输两次数据。

（2）实现地址/数据多路复用，把 32 位数据总线给图形加速器使用。

（3）通过内存请求流水线技术减少延迟，大大加快了数据传输速度。

（4）把图形接口绕行到 AGP 通道上，解决了 PCI 带宽问题，使 PCI 有更多的能力负责其他数据传输。

AGP 总线多用于解决高速视频或高品质画面的显示场合，采用 AGP 接口允许显示数据直接取自系统主存储器，而无须先预取至视频存储器中。

4.【解答】USB 总线具有以下特点：

（1）使用方便：可连接多个不同的设备，支持即插即用，支持热插拔。

（2）速度加快：USB V2.0 规范提供高达 480 Mbit/s 的数据传输速率，可适应各种不同类型外设。

（3）连接灵活：支持多个不同设备的串行连接，也可使用集线器（HuB）把多个设备连接在一起，再同 PC 的 USB 口相接。USB 方式下所有外设都在机箱外连接。

（4）独立供电：USB 传输线中的两条电源线可提供 5 V 电源供 USB 设备使用。

USB 数据传送方式主要有以下 4 种：

（1）控制传输方式。

（2）同步传输方式。

（3）中断传输方式。

（4）批量传输方式。

5.【解答】IEEE l394 是一种高性能串行总线，应用范围主要是带宽超过 100 kbit/s 的硬盘和视频外设。利用同样 4 条信号线，IEEE 1394 可同步传输，也支持异步传输。这 4 根信号线分为差模时钟信号线对和差模数据线对。

USB 总线是支持即插即用的新型串行接口，采用四线电缆，两根作为数据传输线，两根为设备提供电源。支持热插拔和即插即用，设备供电灵活，提供 4 种不同的数据传输类型，最多可支持 127 个设备。

6.【解答】I^2C 总线具有以下特点：

（1）二线传输。一条用来传输控制信息，一条用来传输时钟信息。

（2）总线工作时任何一个主器件都可成为主控制器。

（3）总线传输时采用状态码的管理方法。

（4）系统中所有外围器件及模块采用器件地址和引脚地址的编址方法。

（5）所有带 I^2C 接口的外围器件都具有应答功能。

（6）总线可在系统带电情况下接入或撤出。

I^2C 总线工作原理简述如下：

I^2C 总线上的器件间通过串行数据线和时钟线相连并传送信息，每个器件由唯一的地址连接到总线上。发送器和接收器进行数据传送时可作为主器件，也可作为从器件。主器件用于启动总线上传送数据并产生时钟以开放传送，此时，任何被寻址的器件均被认为是从器件。

I^2C 总线采用独特的寻址约定，规定起始信号后第 1 个字节为寻址字节，用来寻址被控器件，并规定数据传送方向。寻址字节由被控器件的 7 位地址位和 1 位方向位组成。方向位为 0 时表示主控器将数据写入被控器，为 1 时表示主控器从被控器读取数据。

主控器发送起始信号后立即发送寻址字节，这时，总线上所有器件都将寻址字节中的 7 位地址与自己器件地址相比较。如果两者相同，则该器件认为被主控器寻址，并根据读/写位确定是被控发送器还是被控接收器。

7.【解答】微型计算机系统通过总线传递 CPU 和其他部件之间的各类信息，以实现数据传输，使系统具有组态灵活、易于扩展等优点。总线性能的好坏直接影响到微型计算机系统的整体工作性能，在实际应用时要根据总线标准来实现和完成接口功能。

（1）在 CPU、存储器、I/O 接口等芯片间进行信息传送主要采用芯片总线。

（2）在计算机系统内连接各插件板时主要采用系统总线，如 8/16 位 ISA 总线。

（3）对于高速 I/O 设备的信息总线传输可采用局部总线，如 PCI、AGP 总线等。

（4）在微机系统之间或微机与外围设备、仪器仪表之间进行通信可采用外围设备总线，如 USB 总线、IEEE l394 以及 I^2C 总线等。

选择总线时要综合考虑系统性能指标的要求，以较好的性价比来确定具体的总线类型。

第 6 章

存储器系统 ≪≪≪

学习要点：

- 存储器分类及存储器系统的层次结构。
- 随机存储器（RAM）的基本结构。
- 只读存储器（ROM）的基本结构。
- 存储器扩展接口。
- 辅助存储器及新型存储器技术。

6.1 本章重点知识

6.1.1 存储器概述

存储器是计算机中用来存储信息的部件，是计算机中各种信息的存储和交流中心。计算机中要执行的程序、数据处理的中间结果和最终结果都存储在存储器中，使计算机能自动连续地工作。

1. 存储器的分类

按照制造材料、读/写功能、信息的保存情况以及在微机系统中的作用，存储器有以下 3 种分类方法。

（1）按照存储介质分类：

① 半导体存储器：采用半导体材料制成，又分为双极型和 MOS 型半导体存储器。

② 磁表面存储器：采用磁性材料制成。

③ 光表面存储器：采用光学材料制成。

（2）按照读/写功能分类：

① 只读存储器（ROM）：存储内容固定不变，只能读出不能写入。一般用来存放微机的系统程序，如微机的系统管理程序、监控程序等。

② 随机存储器（RAM）：存储内容可以改变，既可读出又能写入（也称读写存储器）。主要用来存放各种输入、输出数据及中间结果，并可与外存储器交换信息和做堆栈用。

（3）按照在微型计算机系统中的作用分类：

① 主存储器：存放当前正在运行的程序和数据。特点是速度较快，但容量较小，价格也较高。常用的主存储器主要是半导体存储器。

② 辅助存储器存储：保存 CPU 当前操作暂时用不到的程序或数据。特点是存储容量极大，价格便宜，信息在断电后也不会丢失，但速度较慢，主要有磁带、磁盘和光盘等。

③ 高速缓冲存储器（Cache）：暂存 CPU 正在使用的指令和数据，是计算机系统中的一

个高速小容量存储器，位于 CPU 和内存之间。特点是速度极快，容量较小，主要由高速静态 RAM 组成。

2．存储器的常用性能指标

（1）存储容量：指存储器可存储的二进制信息总量。容量越大，意味着所能存储的二进制信息越多。一般表示为：

存储容量=存储器单元数×每单元二进制位数

通常 8 位二进制数称一个字节，存储容量的表示单位可以是字节（B），也可以是千字节（KB）、兆字节（MB）、吉字节（GB）、太字节（TB）等。

它们相互之间的换算关系为：

$1KB=2^{10}B=1\ 024B$　　　　　　　　$1MB=2^{20}B=1\ 024KB$

$1GB=2^{30}B=1\ 024MB$　　　　　　　　$1TB=2^{40}B=1\ 024GB$

（2）存取速度：取决于存储介质的两种物理状态的变换速度，可采用存取时间和存取周期来衡量。存取速度的度量单位通常用纳秒，目前高速存储器存取速度已小于 20 ns。

① 存取时间：指启动一次存储器操作到完成该操作所用的时间。存取时间越小，则存取速度越快。

② 存取周期：指连续两次独立的存储器操作之间的最小时间间隔。

（3）价格：常用存储器每位的价格来衡量。例如，存储器容量为 S，总价格为 C，则每位价格为 $P=S/C$。

存储器总价格正比于存储容量，反比于存取速度。一般来说，速度较快的存储器，其价格也较高，容量也不可能太大。因此，容量、速度和价格 3 个指标之间是相互制约的。

（4）可靠性：可靠性是指存储器对电磁场及温度等变化的抗干扰性。半导体存储器由于采用大规模集成电路结构，因此可靠性高，平均无故障时间为几千小时以上。

（5）功耗：功耗是指每个存储单元所消耗的功率，单位为 μW/单元，也有用每块芯片总功率来表示，单位为 mW/芯片。

衡量存储器性能的其他指标还有体积、重量、品质等，用户在设计和选用存储器时要综合考虑这些因素，根据实际需要全面衡量，尽量提高性能价格比。

3．存储系统的层次结构

为提高存储器的性能，通常把各种不同存储容量、存取速度和价格的存储器按层次结构组成多层存储器，并通过管理软件和辅助硬件有机组合成统一的整体，使所存放的程序和数据按层次分布在各存储器中。

目前，主要采用三级层次结构来构成存储系统，由高速缓冲存储器 Cache、主存储器和辅助存储器组成，如图 6-1 所示。图中自上向下容量逐渐增大，速度逐级降低，成本则逐次减少。

整个结构可看成主存-辅存和 Cache-主存两个层次。在辅助硬件和计算机操作系统的管理下，可把主存-辅存作为一个存储整体，形成的可寻址存储空间比主存储器空间大

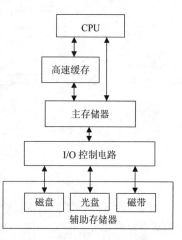

图 6-1　存储系统的层次结构

得多。由于辅存容量大，价格低，使得存储系统的整体平均价格降低。Cache-主存层次可以缩小主存和 CPU 之间的速度差距，从整体上提高存储器系统的存取速度。

一个较大的存储系统由各种不同类型的存储设备构成，形成具有多级层次结构的存储系统。该系统既有与 CPU 相近的速度，又有极大的容量，而价格又是较低的。可见，采用多级层次结构的存储器系统可有效地解决存储器的速度、容量和价格之间的矛盾。

6.1.2 半导体存储器

1．半导体存储器的分类

现代微机的主存储器已普遍采用半导体存储器，其特点是容量大、存取速度快、体积小、功耗低、集成度高、价格便宜。其分类如图 6-2 所示。

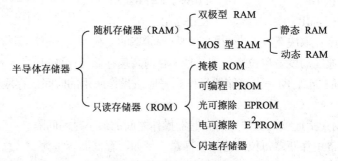

图 6-2 半导体存储器的分类

图 6-2 中，半导体存储器按存取方式分为 RAM 和 ROM；RAM 按采用器件分为双极型和 MOS 型；而 MOS 型按存储原理又可分为 SRAM 和 DRAM；ROM 按存储原理可分为掩模 ROM、PROM、EPROM、E²PROM 和闪速存储器等。

2．半导体存储器的基本结构

半导体存储器一般由地址译码器、存储矩阵、控制逻辑和输入/输出控制电路等部分组成，如图 6-3 所示。

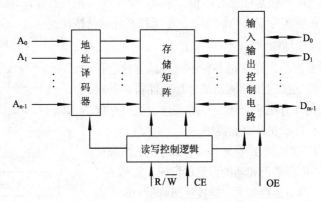

图 6-3 半导体存储器的结构框图

（1）地址译码器：负责接收 CPU 发出的地址信号，产生地址译码，以便选中存储矩阵中的某个存储单元。存储矩阵中基本存储电路的编址有单译码与双译码两种方式。

单译码方式适用于小容量字结构存储器，存储器中的存储单元呈线性排列。双译码方式适用于容量较大的存储器，将地址线分为列线和行线两组分别译码。

（2）存储矩阵：能够存储二进制信息的基本存储单元的集合。为便于信息的读/写，这些基本存储单元配置成一定的阵列并进行编址。

（3）读/写控制逻辑：主要有片选信号 $\overline{CS}$、输出允许信号 OE 和写允许信号 $\overline{WE}$。片选信号 $\overline{CS}$ 有效时可对存储芯片进行读/写操作，无效时芯片脱离总线，片选端一般与系统高位地址相连；芯片被选中时，OE 用来控制读操作，一般与系统的读控制线 MEMR（或 RD）相连；$\overline{WE}$ 被用来控制写的操作，一般与系统的写控制线 MEMW（或 WR）相连。

（4）输入/输出控制电路：多为三态双向缓冲器结构，以便使系统中各存储器芯片的数据输入/输出端能方便地挂接到系统数据总线上。

6.1.3 随机存储器（RAM）

根据存储原理随机存储器可分为静态 RAM 和动态 RAM。

1. 静态 RAM（SRAM）

SRAM 存放的信息在不停电的情况下能长时间保留，状态稳定，不需外加刷新电路，从而简化了外部电路设计。但由于 SRAM 的基本存储电路中所含晶体管较多，故集成度较低，且功耗较大。

2. 动态 RAM（DRAM）

DRAM 利用电容存储电荷的原理保存信息，电路简单，集成度高。由于任何电容都存在漏电，因此，当电容 C 存储有电荷时，过一段时间由于电容放电会导致电荷流失，使保存信息丢失。解决的办法是每隔一定时间（一般为 2 ms）须对 DRAM 进行读出和再写入，使原处于逻辑电平"1"的电容上所泄放的电荷又得到补充，原处于电平"0"的电容仍保持"0"，这个过程叫 DRAM 的刷新。

DRAM 的刷新操作不同于存储器读/写操作，主要表现在以下几点：

（1）刷新地址由刷新地址计数器产生，不是由地址总线提供。

（2）DRAM 基本存储电路可按行同时刷新，所以刷新只需要行地址，不需要列地址。

（3）刷新操作时存储器芯片的数据线呈高阻状态，即片内数据线与外部数据线完全隔离。

DRAM 与 SRAM 相比具有集成度高、功耗低、价格便宜等优点，所以在大容量存储器中普遍采用。DRAM 的缺点是需要刷新逻辑电路，且刷新操作时不能进行正常读/写操作。

3. 高集成度 DRAM

作为主存储器的 DRAM 问世以来，存储器制造技术在不断提高，先后出现 FP（Fast Page）RAM、EDO DRAM、BEDO DRAM、SDRAM、RDRAM、Rambus DRAM、SGRAM、WRAM、DDR DRAM 和 CDRAM 等多种存储器，主要技术向高集成度、高速度、高性能方向发展。

（1）FP DRAM 又叫快页内存，是传统 DRAM 的改进型产品。主要特点是采用不同于早期 DRAM 的列地址读出方式，从而提高内存传输速率。但由于 FP DRAM 使用同一电路来存取数据，带来一些弊端，如 FP DRAM 在存取时间上会有一定的时间间隔，且在 FP DRAM 中，由于存储地址空间是按页排列的，因此当访问到某一页面后，再切换到另一页面会占用额外的时钟周期。

（2）SD（Synchronous Dynamic）RAM 又称 SD 内存，也称"同步动态内存"，其工作原理是将 RAM 与 CPU 以相同时钟频率进行控制，使 RAM 和 CPU 外频同步，彻底取消等待时间，数据传输速率比 EDO RAM 至少快了 13%。采用 64bit 的数据宽度，只需一根内存条就可安装使用。

（3）CDRAM（Cached DRAM）又称高速缓冲 DRAM，实际上是把 SRAM 和 DRAM 结合在一起。通过在 DRAM 芯片上集成一定数量的高速 SRAM 作为高速缓冲存储器和同步控制接口来提高存储器性能。CDRAM 比普通 DRAM 加外置 Cache 的价格低，主要用在无外置 Cache 的低档便携式微机系统中。

（4）DDR（Double-Date-Rate）DRAM 也称双速率 DRAM，和 SDRAM 基本一样，不同之处是它可在一个时钟内利用时钟脉冲上升沿和下降沿传输数据，即一个时钟读/写两次数据，使得数据传输速度加倍，不需提高工作频率就能成倍提高 DRAM 的速度，且制造成本并不高。此技术还可应用于 SDRAM 和 SGRAM，使得实际带宽增加 2 倍。在很多高端的显卡上配备高速 DDR DRAM 来提高带宽，可大幅度提高 3D 加速卡的像素渲染能力。DDR 在目前的微机系统中被广泛采用，在高速 PC、高性能图形适配器和服务器中有着很好的应用前景。

6.1.4　只读存储器

只读存储器（ROM）工作时只能读出不能写入，一般存放如监控程序、BIOS 程序等固定程序。特点是非易失性，即所存储的信息一经写入可长久保存，不受电源断电的影响。

按存储单元的结构和生产工艺的不同，ROM 分为掩模 ROM、可编程 PROM、光可擦除 EPROM、电可擦除 E^2PROM 和闪速存储器等。

（1）掩模 ROM：掩模 ROM 中的信息是在制造过程中写入的。在制造这种存储器时采用光刻掩模技术，将程序置入其中。掩模 ROM 制成后，存储的信息就不能再改写了，用户在使用时只能进行读出操作。

（2）可编程 PROM：这种 ROM 由晶体管阵列组成，由用户在使用前一次性写入信息，写入后只能读出，不能修改，断电后存储的信息不会消失。PROM 大多采用熔丝式，熔丝一旦烧断就不能再复原。因此，这种 PROM 只能进行一次编程。

PROM 电路和工艺比掩模 ROM 复杂，又具有可编程逻辑，所以价格较贵。

（3）光可擦除可编程 EPROM：一种断电后仍能保留信息的存储芯片。当存储的程序和数据需要变更时，利用擦除器可将其所存储信息擦除，使各单元内容复原为 FFH，再根据需要用一个比正常工作电压更高一些的 EPROM 编程器实现编程 EPROM 编程器（也称烧写器）对其编程，该芯片可反复使用。

（4）电可擦除可编程 E^2PROM：近年来广泛应用的采用电擦除和编程的只读存储器，主要特点是能在应用系统中进行在线读/写，断电情况下保存的数据信息不会丢失，既能像 RAM 那样随机改写，又能像 ROM 那样在掉电情况下非易失地保存数据，可作为系统中可靠保存数据的存储器。

E^2PROM 与 EPROM 相比具有价格低、擦除简单等优点，可在线进行频繁地反复编程，擦写次数可达 10 万次以上。由于 E^2PROM 兼有 RAM 和 ROM 双重优点，所以在计算机系统中使用 E^2PROM 后，使系统应用变得方便灵活，一般可即插即用（Plug & Play）。

6.1.5　存储器的扩展与寻址

单个存储芯片的存储容量有限，仅靠单片存储芯片并不能满足计算机对存储器的要求，因此要组成一个大容量定字长的存储器模块，通常需要几片或几十片存储器，采用一定的连接方式进行扩充。

通常有以下方法进行存储器容量的扩展和寻址。

1. 位扩展

芯片中每个单元的位数不能满足系统要求，此时需要在位向上进行扩展，适用于存储单元数满足要求，但数据位数不满足要求的情况。该方式是将地址线和片选信号线共用，数据线单独接。

2. 字扩展

若芯片每个单元位数可满足系统要求，但存储容量不够，此时需要在字向上扩展。

3. 字位扩展

芯片单元数和位数都不能满足存储器的要求时，需要在字、位两个方向上进行扩展。该方式是将存储芯片分组，然后采用位扩展法和字扩展法分别连接每一组存储芯片。

4. 存储器寻址

存储器在寻址时通常将 CPU 的高位地址线用作片间寻址，低位地址线用作片内寻址。

通过地址译码实现片选的方法有以下 3 种：

（1）线选法：用单根地址线作片选信号，每个存储芯片或每个 I/O 端口只用一根地址线选通。适用于存储容量小，存储器芯片数少的情况。

（2）全译码片选法：这种方法除了将低位地址总线直接连至各芯片的地址线外，余下的高位地址总线全部参加译码，译码输出作为各芯片的片选信号。

（3）局部译码片选法：该方法只对部分高位地址总线进行译码，以产生片选信号，剩余高位线或空着，或直接用作其他存储芯片的片选控制信号。所以，它是介于全译码法和线选法之间的一种选址方法。

6.1.6　存储器与 CPU 的连接

存储器与微处理器连接时，地址总线、数据总线和控制总线都要连接。

连接时应注意以下问题：

1. CPU 总线的带负载能力问题

小型系统中，由于存储器多由 MOS 管构成，直流负载较小，CPU 总线负载能力可直接驱动存储器系统，所以 CPU 可直接与存储器相连。

在较大型的系统中，当 CPU 和大容量 ROM、RAM 一起使用或扩展成一个多插件系统时，总线上挂接的器件太多，超过 CPU 负载能力，就必须在总线上增加缓冲器或总线驱动器，增加 CPU 总线的驱动能力，然后再与存储器相连。

2. 存储器与 CPU 之间的速度匹配问题

CPU 取指周期和对存储器读/写操作都有固定时序，由此决定了对存储器存取速度的要求。读操作时，CPU 发出地址和读命令后，存储器须在限定时间内给出有效数据。写操作时，存储器须在写脉冲规定的时间内将数据写入指定存储单元，否则无法保证迅速准确地传送数据。

因此，当存储器速度跟不上 CPU 时序时，系统应考虑插入等待周期 T_w，以解决存储器与 CPU 之间的速度匹配问题。

3. 存储器组织、地址分配和译码问题

存储器与 CPU 连接前，先要确定存储器容量大小，并合理选择存储器芯片。这些芯片如何同 CPU 有效地连接并能有效寻址，就存在一个存储器地址分配问题。

此外，内存又分为 ROM 区和 RAM 区，而 RAM 区又分为系统区和用户区，进行地址分配时要将 ROM 和 RAM 分区域安排。容量和芯片确定后，要将芯片中的存储单元与实际地址一一对应，这样才能通过寻址对存储单元进行读/写操作。

CPU 地址输出线有限，不可能寻址到每一个存储单元，需要地址译码器按一定规则译码成某些芯片的片选信号和地址输入信号，被选中的芯片就是 CPU 要寻址的芯片。

6.1.7 辅助存储器

辅助存储器用来存放当前暂时不用的程序或数据，需要时再成批地调入主存。从其所处的部位及与主机交换信息的方式看属于外围设备，因此又称为外存储器。

常用辅助存储器主要有磁表面存储器和光存储器两类，如硬盘、光盘存储器等。其中，磁盘存储器是计算机系统中最主要的外存设备。

1. 硬盘存储器

硬盘是微型计算机最主要的存储器件，属于磁表面存储器。以厚度为 1~2 mm 的非磁性的铝合金材料或玻璃基片作为盘基，在表面涂抹一层磁性材料作为记录介质。磁盘旋转时，每个磁头都会在硬盘每个盘面上划出许多由外向里的同心圆轨迹，这些圆形轨迹称"磁道"。通过磁化磁道可存储信息。

（1）硬盘分类：有机械硬盘（HDD 盘）、固态硬盘（SSD 盘）、混合硬盘（HHD 盘）等几种。机械硬盘采用磁性碟片来存储，固态硬盘采用闪存颗粒来存储，混合硬盘是一种基于传统机械硬盘诞生出来的新硬盘，相当于把磁性硬盘和闪存集成到一起。绝大多数硬盘都是机械硬盘，被永久性地密封固定在硬盘驱动器中。

现代硬盘一般采用多磁头技术，根据磁头和盘片的不同结构和功能，分为固定磁头磁盘机、活动磁头固定盘片磁盘机和活动磁头可换盘片磁盘机等。

（2）温彻斯特技术：将硬盘盘片、读/写磁头、小车、导轨、主轴及控制电路等组装在一起，制成一个密封式不可拆卸的整体。具有防尘性能好、工作可靠，对使用环境要求不高的突出优点。采用温彻斯特技术带来的好处是容量更大，存取速度更快，可靠性更高，寿命更长，制造成本更低。

（3）硬盘驱动器：又称磁盘机，是独立于主机之外的一个完整装置，用来完成对硬盘的读/写工作。基本结构由主轴系统、数据转换系统、磁头驱动和定位系统、空气净化系统、接口电路等 5 部分组成。

（4）硬盘控制器：主机与硬盘驱动器之间的接口，接受主机发送的命令和数据，并转换成驱动器的控制命令和驱动器可以接收的数据格式，以控制驱动器的读/写操作。硬盘控制器由 I/O 接口电路、智能控制器、状态和控制电路、读/写控制电路等 4 部分组成。

（5）硬盘驱动器接口：目前使用较多的有以下几种类型的接口。

① IDE 接口：其最大特点是把控制器集成到驱动器内，在硬盘适配器中不再有独立的控制器部分，从而增大可访问容量。IDE 是系统级接口，也称 ATA 接口。

② EIDE 接口：增强型 IDE 接口，优点是允许更大存储容量，允许连接更多的外设，支

持多种外设，具有更高的数据传输速率。

③ SCSI 接口：可提供大量、快速的数据传输，支持更多数量和更多类型的外围设备，使其能广泛应用于工作站和高档微机系统中。

④ SATA 接口：串行 ATA 接口，主要用作主板和大容量存储设备（如硬盘及光盘驱动器）之间的数据传输。具有结构简单、支持热插拔的优点。

2．光盘存储器

光盘存储器是利用激光能量可以高度集中的特点，以光学方式进行信息读/写。用于记录数据信息的薄层涂覆在基体上构成记录介质。光盘在写入信息时是一次性的，永久保存在盘片上，具有大容量、高速度、携带方便、耐用的特点。

（1）光盘存储器种类：包括只读型光盘（CD-ROM）、DVD、只写一次型光盘（WORM）、可擦写型光盘等。

（2）光盘驱动器的读/写原理：采用形变、相变和磁光存储等技术完成光盘旋转电动机、光学头径向寻址电动机和光学头自动聚焦、自动跟踪的伺服控制，以及完成写入数据的编码、读出数据的解码、检错纠错和时序控制等的通道控制。光盘驱动器一般由光学头、主轴电动机、步进电动机、光驱伺服定位系统、微控制器等组成。

6.1.8　新型存储器技术

1．多体交叉存储器

（1）多体交叉存储器是从改进主存的结构和工作方式入手，设法提高其吞吐率，使主存速度与 CPU 速度相匹配。

（2）多体交叉存储器把整个主存地址空间划分为多个同样大小地址分空间。为提高数据传输速率，利用主存地址低 K 位来选择模块（可确定 2^K 个模块），高 m 位来指定模块中存储单元，这样连续的几个地址位于相邻几个模块中，而不是在同一个模块中。

2．高速缓冲存储器（Cache）

（1）Cache 位于 CPU 与主存之间，可提高 CPU 访问存储器时的存取速度，减少处理器的等待时间，使程序员能使用一个速度与 CPU 相当而容量与主存相当的存储器。

（2）Cache 的工作是基于程序访问的局部性原理，即在一个较短时间间隔内，由程序产生的地址往往集中在存储器逻辑地址空间很小范围内，而对此范围以外的地址则访问甚少。

（3）Cache 有全相连 Cache、直接映像 Cache 和组相连 Cache 3 种基本结构。

（4）Cache 的替换算法在新的主存页需要调入 Cache，而它的可用位置已被占用时发生。主要有随机替换算法、先进先出算法（FIFO）、近期最少使用算法（LRU）、优化替换算法等。

3．虚拟存储器

（1）虚拟存储器（Virtual Memory）建立在主存–辅存物理体系结构，同时还有辅助软件、硬件来对主存与辅存之间的数据交换实现控制功能。

（2）常用的虚拟存储器有页式虚拟存储器、段式虚拟存储器、段页式虚拟存储器。

4．闪速存储器

闪速存储器（Flash Memory）是一种新型半导体存储器（简称闪存），是在 EPROM 和 E^2PROM 的制造技术基础上发展产生的，既有 EPROM 价格便宜、集成度高的优点，又有 E^2PROM 的电可擦除性、可重写性，而且不需特殊的高电压，具有可靠的非易失性，对于需要实施代码或数据更新的嵌入性应用是一种理想的存储器，在固有性能和成本方面有较明显的优势。目前，商品化的闪存可做到擦写几十万次以上，读取时间小于 90 ns。

闪速存储器是一种低成本、高可靠性的可读写非易失性存储器，它的出现带来了固态大容量存储器的革命。

6.2 典型例题解析

【例 6.1】简述存储器的分类。

【解析】一般来讲，存储器按照存储介质、读/写功能、信息的可保存性、作用等可分为以下几类：

（1）按存储介质可分为半导体存储器、磁表面存储器和光表面存储器。

（2）按读/写功能可分为只读存储器（ROM）和随机存储器（RAM）。

（3）按作用可分为主存储器、辅助存储器和高速缓冲存储器（Cache）。

【例 6.2】什么是存储系统的层次结构？

【解析】存储系统的层次结构就是把各种不同存储容量、存取速度和价格的存储器按层次结构组成多层存储器，并通过管理软件和辅助硬件有机组合成统一的整体，使所存放的程序和数据按层次分布在各种存储器中。

目前，计算机系统中通常采用三级层次结构来构成存储系统，由高速缓冲存储器（Cache）、主存储器和辅助存储器组成。

【例 6.3】简述动态 RAM 如何解决刷新问题。

【解析】DRAM 在实际存储系统中进行刷新有两种方法：一种是利用专门的 DRAM 控制器实现刷新控制；另一种是在每个 DRAM 上集成刷新控制电路。

【例 6.4】已知 2114 是 1K×4 位的 RAM 芯片，若要组成 8K×8 位的存储器，需要多少片 2114 才能实现？

【解析】按照存储器容量的扩充方法，将给定的 1K×4 位的 2114 芯片组合成 8K×8 位的存储器系统，需要进行字和位的同时扩展。即总芯片数=(8K×8)/(1K×4)=16，所以共需要 16 片 2114 芯片。

【例 6.5】简述存储器与处理器连接时应注意的问题。

【解析】微处理器与存储器连接时，地址总线、数据总线和控制总线都要连接。连接时应注意以下问题：

（1）CPU 总线的带负载能力问题。

（2）存储器与 CPU 之间的速度匹配问题。

（3）存储器组织、地址分配和译码问题。

【例 6.6】什么是温彻斯特技术？

【解析】温彻斯特技术是将硬盘盘片、读/写磁头、小车、导轨、主轴以及控制电路等组装在一起，制成一个密封式不可拆卸的整体的技术。具有防尘性能好、工作可靠、对使用环境要求不高的突出优点，是磁盘技术向高密度、大容量、高可靠性发展的产物，把磁盘技术推进到了一个新的阶段。

【例 6.7】简述高速缓冲存储器（Cache）为什么能够实现高速的数据存取？

【解析】高速缓冲存储器（Cache）是根据程序访问的局部性原理来实现高速数据存取。

即在一个较小时间间隔内，程序所要用到的指令或数据的地址往往集中在一个局部区域内，因而对局部范围内的存储器地址频繁访问，而对此范围外的地址则访问甚少的现象称为程序访问的局部性原理。

如果把正在执行的指令地址附近的一小部分指令或数据，即当前最活跃的程序或数据从主存成批调入 Cache，供 CPU 在一段时间内随时使用，就一定能大大减少 CPU 访问主存的次数，从而加速程序的运行。

【例6.8】简述虚拟存储器的工作原理。

【解析】虚拟存储器是由主存和辅存构成的两级存储层次，在虚拟存储器中必须有辅助软硬件来对主存与辅存之间的数据交换实现控制功能。

虚拟存储器工作原理：计算机工作时只把程序的活跃部分存放在主存储器中，其他大量非活跃程序都存放在辅存或其他外设中。执行程序过程中，程序活跃部分和非活跃部分是动态的，何时主存与辅存之间需要交换信息在辅助硬件控制之下进行。因此，为扩大容量，把辅存当作主存使用，将主存和辅存地址空间统一编址，形成一个庞大的存储空间。用户可使用与访问主存同样的寻址方式访问辅存中的信息，所需程序和数据由辅助软件和硬件自动调入主存，从而实现利用小容量主存运行大规模程序的目的。

6.3 思考与练习题解答

一、选择题

1. D   2. D   3. C   4. C   5. C

二、填空题

1. ①可以存储的二进制信息总量；②二进制信息；③强。

2. ①既能读出又能写入；②静态 RAM；③动态 RAM；④动态 RAM。

3. ①高速度、小容量；②CPU；③主存；④CPU 经常使用的数据和指令；⑤提高 CPU 访问存储器时的存取速度。

4. ①存储器访问的局部性原理；②主存 – 辅存；③存储。

5. ①Cache – 主存和主存 – 辅存；②容量、速度、价格。

三、判断题

1. ×   2. √   3. ×   4. ×

四、简答题

1. 【解答】计算机系统中通常采用三级层次结构来构成存储系统，主要由高速缓冲存储器 Cache、主存储器和辅助存储器组成。

这种具有多级层次结构的存储系统既有与 CPU 相近的速度，又有极大的容量，而成本又是较低的。其中，高速缓存解决了存储系统的速度问题，辅助存储器则解决了存储系统的容量问题。采用多级层次结构的存储器系统可以有效解决存储器的速度、容量和价格之间的矛盾，因此，被广泛采用。

2. 【解答】静态存储器（SRAM）和动态存储器（DRAM）的最大区别为：

（1）从存放一位信息的基本存储电路来看，SRAM 由六管结构的双稳态触发电路组成；而 DRAM 由单管组成，是靠电容存储电荷来记忆信息的。

（2）SRAM 的内容不会丢失，除非对其改写；DRAM 除了对其进行改写外，如果较长时间不充电，其中存储的内容也会丢失，因此，DRAM 每隔一段时间就需刷新一次。

（3）DRAM 集成度高，而 SRAM 的集成度较低。

两种存储器的优缺点比较如下：

（1）静态存储器工作稳定，不需要外加刷新电路，从而简化了外部电路设计。但集成度较低，功耗大。

（2）动态存储器集成度高、功耗小，但需要用专门的刷新电路。

3.【解答】常用的存储器地址译码方式有线选法、全译码片选法和局部译码片选法。

（1）线选法：用单根地址线作片选信号，每个存储芯片或每个 I/O 端口只用一根地址线选通。适用于存储容量小，存储器芯片数少的情况。

优点：连接简单，无须专门的译码电路。

缺点：地址不连续，CPU 寻址能力的利用率太低，会造成大量的地址空间浪费，并且会与其他芯片出现地址重叠，使一个地址码可能选中两个以上的存储单元。

（2）全译码片选法：该方法除了将低位地址总线直接连至各芯片的地址线外，余下的高位地址总线全部参加译码，译码输出作为各芯片的片选信号。

优点：可以提供对全部存储空间的寻址能力。

缺点：可能出现多余的译码输出。

（3）局部译码片选法：该方法只对部分高位地址总线进行译码，以产生片选信号，剩余高位线或空着，或直接用作其他存储芯片的片选控制信号。

所以，它是介于全译码法和线选法之间的一种选址方法。

4.【解答】半导体存储器与微处理器连接时应注意以下三方面问题：

（1）CPU 总线的带负载能力。在小系统中，CPU 时刻直接与存储器相连。当 CPU 和大容量的标准 ROM、RAM 一起使用，或扩展成一个多插件系统时，就必须接入缓冲器或总线驱动器来增加 CPU 总线的驱动能力。

（2）存储器与 CPU 之间的速度匹配。CPU 的取值周期和对存储器的读/写操作都有固定的时序，由此决定了对存储器存取速度的要求。

（3）存储器组织、地址分配和译码等。

5.【解答】因为高速缓冲存储器可提高 CPU 访问存储器时的存取速度，减少处理器等待时间，使程序员能使用一个速度与 CPU 相当而容量与主存相当的存储器，该方法对提高整个处理器的性能起到非常重要的作用，比使全部主存都达到与 CPU 同样的速度要经济得多。

6.【解答】虚拟存储器（Virtual Memory）是以存储器访问的局部性原理为基础，建立在主存–辅存物理体系结构上的存储管理技术。为了扩大存储容量，把辅存当作主存使用，在辅助软硬件的控制下，将主存和辅存的地址空间统一编址，形成一个庞大的存储空间。

程序运行时用户可访问辅存中的信息，可使用与访问主存同样的寻址方式，所需的程序和数据由辅助软件和硬件自动调入主存，这个扩大了的存储空间就是虚拟存储器。

五、分析设计题

1.【解答】由于 4K×8 位是 4×1 024=4 096 个字节，而 $(4\ 096)_{10}$=1 000H，所以最后一个单元的地址是 4800H+(1000H-1)=57FFH。

2.【解答】（1）因为 8 位二进制数为一个字节，所以 14 位地址能存储 2^{14}=16 KB 个字节的信息。

（2）存储器由 8K×4 位 RAM 芯片组成时，总芯片数为 16K×8/8K×4=4 片。

（3）因为需要 4 片来构成存储器，而 4 片存储器芯片需要 2 位地址线进行译码输出，故需要 2 位地址做芯片选择。

3. 【解答】根据题目要求，用 16K×1 位的 DRAM 芯片组成 64K×8 位的存储器，需要芯片数量为：(64K×8)/(16K×1)=32 片。用 8 片 16K×1 位芯片组成 16×8 位，共计 4 组形成 64K×8 位的存储器。

该存储器的组成逻辑框图如图 6-4 所示。

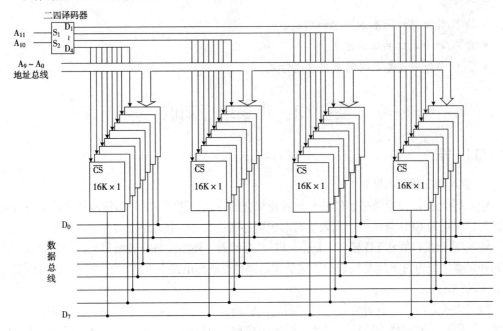

图 6-4　存储器组成逻辑框图

第 7 章

输入/输出接口技术 <<<

学习要点:

- 输入/输出接口的基本概念和功能。
- 输入/输出端口的编址方式。
- CPU 与外围设备之间的数据传送方式。

7.1 本章重点知识

7.1.1 概述

1. 输入/输出接口的概念

输入/输出接口技术是采用硬件与软件相结合的方法,研究 CPU 如何与外围设备进行最佳匹配,以实现 CPU 与外设间高效、可靠的信息交换的一门技术。

输入/输出接口简称 I/O 接口,是指 CPU 和存储器、外围设备或者两种外围设备之间,或者两种机器之间通过系统总线进行连接的逻辑部件(或称电路),是 CPU 与外界进行信息交换的中转站。

现代微机系统中,各种外设与计算机之间的通信必须通过接口来实现,I/O 接口起着数据缓冲、隔离、数据格式转换、寻址、同步联络和定时控制等作用,这不仅需要设计正确的接口电路,还需要编制相应的软件。

2. 输入/输出接口的结构

输入/输出接口中有数据寄存器、控制寄存器和状态寄存器,还有供 CPU 与外设间用中断方式传送信息所需要的逻辑电路,如中断允许寄存器、中断屏蔽寄存器等,其基本结构示意图如图 7-1 所示。

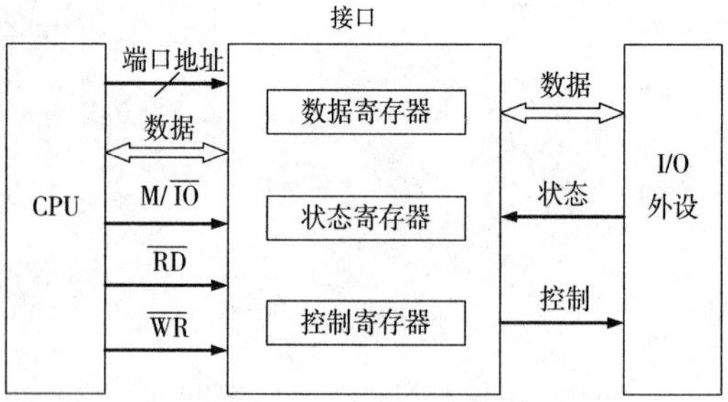

（1）数据寄存器起数据缓冲作用。

（2）控制寄存器确定接口电路的工作方式,选择数据传送方向(输入或输出)及交换信息方式(查询或中断方式)。

图 7-1 I/O 接口的基本结构示意图

（3）状态寄存器反映外设工作状态。

（4）命令译码、端口地址译码及控制电路负责选择端口,对 CPU 送来的命令进行译码,并能用中断方式传送信息。

3．输入/输出接口的功能

输入/输出接口一般具有以下的基本功能：

（1）数据的寄存和缓冲功能。

（2）信号电平转换功能。

（3）信息格式转换功能。

（4）设备选择功能。

（5）对外设的控制和检测功能。

（6）产生中断请求及 DMA 请求功能。

（7）可编程功能。

4．CPU 与 I/O 设备之间传递的信息类型

CPU 与 I/O 设备之间要传送的信息，通常包括以下 3 种：

（1）数据信息是 CPU 与外设交换的基本信息，有数字量、模拟量和开关量等。

（2）状态信息反映外设当前所处的工作状态，以便 CPU 对外设进行监视。

（3）控制信息是 CPU 通过接口发给外设的，用来控制外设的工作。

以上 3 种信息都是通过总线进行传送，但在 I/O 接口中占用的寄存器不同：存放数据信息的是数据寄存器（数据端口）；存放状态信息的是状态寄存器（状态端口）；控制信息则存放在控制寄存器（控制端口）中。

5．I/O 端口的编址方式

（1）统一编址：也称"存储器映像编址"，把每一个端口视为一个存储器单元，并赋予相应的存储器地址，所有访问内存的指令都适用于 I/O 端口。

优点：对 I/O 接口的操作与对存储器的操作完全相同，大大增强了系统的 I/O 功能，使访问外设端口的操作方便、灵活。

缺点：占用存储器的一部分地址空间，使可用的内存空间减少；访问内存的指令一般较长，执行速度较慢；为了识别一个 I/O 端口必须对全部地址线译码，增加了地址译码电路的复杂性，使执行外设寻址的操作时间相对延长。

（2）独立编址：也称"专用 I/O 指令方式"，是将 I/O 端口单独编址，不占用存储空间，必须采用专用的 I/O 指令。

优点：节省内存空间，I/O 端口地址译码较简单，寻址速度较快。

缺点：专用 I/O 指令类型少，程序设计灵活性较差，且使用 I/O 指令一般只能在累加器和 I/O 端口交换信息，处理能力不如存储器映像方式强。

7.1.2 输入/输出的数据传送方式

1．无条件传送方式

无条件传送方式是一种最简单的数据传送方式，适合于外部控制过程的各种动作时间固定且已知的情况，主要用于对简单外设进行操作。这类外设的数据信息时刻处于"准备好"状态，随时可以传送数据，故 CPU 不必检查外设的状态，就可以直接进行输入/输出操作。当 I/O 指令执行后，数据传送便立即进行。

特点：无条件传送方式虽然软、硬件实现简单，但具有一定的局限性，且CPU与外设工作不同步时，传输数据不可靠，故仅适用于慢速设备，应用很受限制。

2. 查询传送方式

查询传送方式也称条件传送方式。信息交换之前，CPU 要设置传输参数、传输长度等，然后启动外设工作。与此同时，外设则进行数据传输的准备工作；相对于 CPU 来说，外设的速度是比较慢的，因此外设准备数据的时间相对 CPU 来说往往是一个漫长的过程，而在这段时间里，CPU 除了循环检测外设是否已准备好之外，不能处理其他任务，只能一直等待，直到外设完成数据准备工作，CPU 才能开始进行信息交换。

特点：CPU 的操作和外围设备的操作能够完全同步，硬件结构也比较简单。但是，在整个查询过程中如果数据未准备好或设备忙，则 CPU 只能循环等待，无法进行其他工作，因此白白浪费了 CPU 时间，大大降低了 CPU 的速度，造成数据传输效率低下，数据交换的实时性较差，对于实时性要求高的数据会造成数据丢失。因此，查询方式多用于简单、慢速的或实时性要求不高的外设。

3. 中断传送方式

中断传送方式是当 CPU 与外设交换数据时，无须连续不断地查询外设的状态，而是在需要时由外设主动地向 CPU 提出请求，请求 CPU 为其服务。输入/输出时，当设备准备好数据后就向 CPU 提出中断请求，CPU 接到请求后暂停当前程序的执行，转去执行相应的中断服务程序，操作完成之后，CPU 返回去执行原来被中断的程序。

特点：可实现外设和 CPU 并行工作，大大提高了 CPU 的利用率。但 CPU 要保护和恢复现场，以便完成中断处理后能正确返回主程序。在这段时间内执行部件和总线接口部件不能并行工作，会造成数据传输效率降低。

4. DMA 传送方式

DMA 传送方式是在内存与外设间开辟专用的数据通道，当外设需要利用 DMA 方式进行数据传送时，接口电路可以向 CPU 提出请求，要求 CPU 让出对总线的控制权，用 DMA 控制器来取代 CPU，临时接管总线，控制外设和存储器之间直接进行高速的数据传送。

特点：DMA 传送方式实际上是把外设与内存交换信息的操作与控制交给了 DMA 控制器，简化了 CPU 对数据交换的控制，数据传送速度快，但这种方式电路结构复杂，硬件开销大。

5. 通道方式

通道是一个具有特殊功能的处理器，又称为输入/输出处理器（IOP），它分担了 CPU 的一部分功能，可以实现对外围设备的统一管理，完成外围设备与主存之间的数据传送。

特点：使用通道指令控制设备控制器进行数据传送操作，并以通道状态字接收设备控制器反映的外围设备的状态。CPU 通过执行 I/O 指令以及处理来自通道的中断，实现对通道的管理。其工作方式分为字节多路通道、选择通道、数组多路通道 3 种类型。

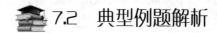 7.2 典型例题解析

【例 7.1】简述输入/输出接口的基本结构。

【解析】输入/输出接口结构中包括数据寄存器、控制寄存器和状态寄存器，还有供 CPU 与外设间用中断方式传送信息所需要的逻辑电路，如中断允许寄存器、中断屏蔽寄存器等。

【例 7.2】分析计算机接口电路所传送的信息类别及其特点。

【解析】计算机接口电路传送的信息有数据信息、状态信息、控制信息 3 类。

其特点如下：

（1）3 种信息的性质不同，要通过不同的端口分别传送。

（2）用 I/O 指令寻址外设时，外设的状态作为一种输入数据，而 CPU 的控制命令作为一种输出数据，它们可通过数据总线分别传送。

（3）外设的端口地址由 CPU 地址总线的低 8 位或低 16 位地址信息来确定，CPU 根据 I/O 指令提供的端口地址来寻址端口，然后同外设交换信息。

【例 7.3】简述查询传送方式下数据的传送过程。

【解析】查询传送方式下，传送数据前 CPU 要先执行一条输入指令，从外设的状态口读取外设的当前状态。当 CPU 确认外设已经做好准备时，才能进行数据传送。条件传送方式如果外设未准备好数据或处于忙碌状态，则程序要反复执行读状态指令，不断检测外设状态，直到外设做好准备，开始传送数据。

【例 7.4】试比较 5 种 I/O 数据传送方式各自的特点。

【解析】5 种 I/O 数据传送方式的主要特点如下：

（1）无条件传送方式是一种最简单的传送方式，所需要的硬件和软件都较少，但应用受到很大限制。

（2）查询传送方式比较简单，可以编制程序控制数据传送。但如果外设未准备好数据或处于忙碌状态，则程序要反复执行读状态指令，不断检测外设状态，进入循环等待状态，导致 CPU 的工作效率严重降低。

（3）中断传送方式的特点是可以实现外设和 CPU 并行工作，大大提高 CPU 的利用率。但每进行一次数据传送，CPU 都要执行一次中断服务程序。这时，CPU 要保护和恢复现场，会造成数据传输效率降低。

（4）DMA 传送方式的特点是把外设与内存交换信息的操作与控制交给了 DMA 控制器，简化了 CPU 对数据交换的控制，数据传输速率快，但这种方式显然电路结构复杂，硬件开销大。

（5）通道方式使用通道指令控制设备控制器进行数据传送操作，并以通道状态字接收设备控制器反映的外围设备的状态，可实现对外围设备的统一管理，完成外围设备与主存之间的数据传送。

【例 7.5】DMA 控制器应具备什么功能？

【解析】DMA 控制器应具备以下功能：

（1）能向 CPU 发出要求控制总线的 DMA 请求信号 HRQ。

（2）当收到 CPU 发出的 HLDA 信号后能接管总线，进入 DMA 模式。

（3）能发出地址信息对存储器寻址并能修改地址指针。

（4）能发存储器和外设的读、写控制信号。

（5）决定传送的字节数，并能判断 DMA 传送是否结束。

（6）接受外设的 DMA 请求信号和向外设发 DMA 响应信号。

（7）能发出 DMA 结束信号，使 CPU 恢复正常。

7.3 思考与练习题解答

一、填空题

1. ①CPU 和外设之间通过系统总线进行连接的逻辑电路；②CPU 与外界进行信息交换的。

2. ①CPU 和 I/O 外设；②负责 CPU 与 I/O 外设之间的信息交换；③数据信息、状态信息和控制信息。

3. ①统一编址和独立编址；②I/O 端口与存储单元在同一个地址空间中进行编址；③I/O 端口与存储器分别单独编址，两者地址空间互相独立、互不影响。

4. ①外设和 CPU；②CPU；③小批量的数据输入/输出。

5. ①内存与外设；②DMA 控制器。

二、简答题

1.【解答】接口是指 CPU 和存储器、外围设备或者两种外围设备之间，或者两种机器之间通过系统总线进行连接的逻辑部件（或称电路），它是 CPU 与外界进行信息交换的中转站。

由于现代微机的外设种类繁多，各自的功能和工作速度有较大差异，因此外围设备与 CPU 相连时，必然会带来一些问题，主要有速度的匹配问题、时序的配合问题、信息表示格式上的一致性问题、信息类型与信号电平的匹配问题等。

要解决以上问题，在 CPU 和外围设备之间一定要配置接口。

2.【解答】微机的接口一般应具备以下功能：

（1）数据缓冲功能。通过在接口电路中设置数据缓冲来解决，使用锁存器和缓冲器并配以适当的联络信号来实现。

（2）信号电平转换功能。外围设备信号电平大多是 TTL 电平或 CMOS 电平，需用接口电路完成信号的电平转换。

（3）信息格式转换功能。I/O 接口须通过模/数（A/D）转换或数/模（D/A）转换将信息变换成适合对方的形式，才能驱动外设工作。

（4）设备选择功能。借助接口的地址译码选定外设，只有被选定的外设才能与 CPU 进行数据交换。

（5）对外设的控制和检测功能。接口电路接受 CPU 送来的命令或控制信号、定时信号，实施对外设的控制与管理，外设工作状态和应答信号也通过接口及时返回给 CPU，以握手联络信号来保证主机和外部输入/输出操作的同步。

（6）中断或 DMA 管理功能。为满足实时性和主机与外设并行工作的要求需采用中断传送方式，为提高传送的速率有时又采用 DMA 传送方式，要求接口有产生中断请求和 DMA 请求的能力以及管理中断和 DMA 的能力。

（7）可编程功能。现在接口芯片大多数是可编程的，在不改变硬件情况下，只需修改程序就可改变接口工作方式，大大增加了接口的灵活性和可扩充性。

3.【解答】CPU 和 I/O 设备进行数据传送，在接口中就必须有一些寄存器或特定的硬件电路供 CPU 直接存取访问，称之为 I/O 端口。

I/O 端口的编址方式有统一编址和独立编址两种：

（1）统一编址把每个端口视为一个存储器单元，并赋予相应存储器地址，CPU 访问端口如同访问存储器，所有访问内存的指令都适用于 I/O 端口。

优点是对 I/O 接口操作与对存储器的操作完全相同，大大增强了系统的 I/O 功能，访问外设端口操作方便、灵活，微机系统读/写控制逻辑较简单。缺点是占用存储器一部分地址空间，使可用内存空间减少，执行速度较慢。为识别一个 I/O 端口，须对全部地址线译码，不仅增加了地址译码电路的复杂性，而且使执行外设寻址的操作时间相对增长。

（2）独立编址将 I/O 端口单独编址，不占用存储空间，CPU 访问 I/O 端口须采用专用 I/O 指令。

优点是节省内存空间。由于系统需要的 I/O 端口寄存器一般比存储器单元要少得多，故 I/O 地址线较少，因此 I/O 端口地址译码较简单，寻址速度较快。缺点是专用 I/O 指令类型少，远不如存储器访问指令丰富，使程序设计灵活性较差，且使用 I/O 指令一般只能在累加器和 I/O 端口交换信息，处理能力不如存储器映像方式强。

4. 【解答】CPU 和外设之间的数据传送方式有无条件传送方式、查询传送方式、中断传送方式、DMA 传送方式以及通道方式。

无条件传送方式也称为同步传送方式，主要用于对简单外设进行操作，或者外设的定时是固定的或已知的场合。

5. 【解答】相对于条件传送方式，中断方式可使 CPU 工作效率大大提高。但和 DMA 方式相比，其缺点是每进行一次数据传送，CPU 都要执行一次中断服务程序。这时，CPU 要保护和恢复断点，通常还要执行一系列保护和恢复寄存器的指令，即保护现场，以便完成中断处理后能正确返回主程序。显然，这些操作与数据传送没有直接关系，但会花费掉 CPU 不少时间。所以，在这段时间内执行部件和总线接口部件就不能并行工作，这也会造成数据传输效率的降低。

6. 【解答】DMA 传送方式要利用系统的数据总线、地址总线和控制总线来传送数据。

原先这些总线是由 CPU 管理的，但当外设需要利用 DMA 方式进行数据传送时，接口电路可以向 CPU 提出请求，要求 CPU 让出对总线的控制权，用 DMA 控制器的专用硬件接口电路来取代 CPU 临时接管总线，控制外设和存储器之间直接进行高速的数据传送，而不要 CPU 进行干预。

在 DMA 传送结束后，它能释放总线，把对总线的控制权又交给 CPU。

第 8 章

可编程 DMA 控制器 8237A ‹‹‹

学习要点:

- 8237A 的主要功能。
- 8237A 的内部结构。
- 8237A 的工作方式。
- 8237A 内部寄存器功能及格式。
- 8237A 的编程及应用。

8.1 本章重点知识

8.1.1 概述

Intel 8237A 是一种高性能可编程 DMA 控制器,有 40 个引脚,采用双列直插式封装,工作电源+5 V,在 5 MHz 时钟频率下,数据传输速率最高达 1.6 MB/s。

1. 8237A 的主要功能

(1)8237A 芯片有 4 个独立 DMA 通道,每个通道可独立控制 4 个 I/O 外设进行 DMA 传送。

(2)每个通道 DMA 请求可分别允许和禁止,有不同的优先权,优先权可固定也可循环。

(3)每个通道均有 64 KB 的寻址和计数能力。

(4)可在存储器与外设间进行数据传送,也可在存储器两个区域之间进行传送。

(5)有 4 种 DMA 传送方式,分别为单字节传送、数据块传送、请求传送和级联方式。

(6)8237A 可以级联,扩展更多的通道。

2. 8237A 的工作状态

8237A 有从态方式和主态方式两种不同的工作状态。

(1)在 DMA 控制器未取得总线控制权时必须由 CPU 对 DMA 控制器进行编程,这时 CPU 处于主控状态,而 DMA 控制器就和一般的 I/O 芯片一样,是系统总线的从设备,DMA 控制器的这种工作方式称为从态方式。

(2)当 DMA 控制器取得总线控制权后,系统就完全在它的控制之下,使 I/O 设备和存储器之间或存储器与存储器之间进行直接的数据传送,DMA 控制器的这种工作方式称为主态方式。

8.1.2 8237A 的内部结构

8237A 内部结构主要由 3 个基本控制逻辑单元、3 个地址/数据缓冲器单元和 1 组内部寄存器组成。

（1）基本控制逻辑单元：包括时序与控制逻辑、命令控制逻辑和优先级编码控制逻辑。

（2）地址/数据缓冲器单元：包括 2 个 I/O 缓冲器和 1 个输出缓冲器。

（3）内部寄存器组：4 个独立的 DMA 通道各有 4 个 16 位寄存器——基地址寄存器、基字节寄存器、当前地址寄存器和当前字节数寄存器。8237A 内部还有这 4 个通道共用的工作方式寄存器、命令寄存器、状态寄存器、DMA 服务请求寄存器、屏蔽寄存器和暂存寄存器等。通过对这些寄存器的编程，可设置 8237A 的工作方式、设置工作时序、设定优先级管理方式、实现存储器之间的数据传送等操作。

8.1.3　8237A 的工作方式

1. 单字节传送方式

该方式下，每进行一次 DMA 操作，只传送 1 个字节数据，计数器自动减 1，地址寄存器值加 1 或减 1。然后，8237A 释放系统总线，把控制权交还给 CPU。8237A 释放总线后会立即对 DREQ 端进行测试，一旦 DREQ 有效，8237A 会立即发送总线请求，在获得总线控制权后，成为总线主模块而进行 DMA 传送。

特点：一次 DMA 只传送 1 个字节数据，占用 1 个总线周期，然后释放系统总线。

2. 块传送方式

该方式一旦开始传送，就会按字节连续进行下去，直到把整个数据块全部传送完毕才交出系统总线控制权。若需提前结束其传输过程，可由外部输入一个有效的 $\overline{\text{EOP}}$ 信号来强制 8237A 退出。

特点：数据传输效率高，DREQ 有效电平只要保持到 DACK 有效，就能传送完整批数据，但整个数据块传送期间，CPU 失去总线控制权，因而其他 DMA 请求也被禁止。

3. 请求传送方式

该方式在每传送 1 个字节后，8237A 都对 DREQ 端进行测试，询问其是否有效。如果检测到 DREQ 端变为无效电平，则立刻"挂起"，停止 DMA 传送，但并不释放系统总线，测试过程仍然进行。当检测到 DREQ 端变为有效电平时，就在原来基础上继续传送。

特点：DREQ 信号一直有效时连续传送数据，只有当字节计数器由 1 减为 FFFFH，或外部送来有效的 $\overline{\text{EOP}}$ 信号，或 DREQ 变为无效时才结束 DMA 传送过程。

4. 级连传送方式

该方式是为扩展 DMA 通道采用的一种方式。可把一块 8237A（称为主片）和几块 8237A（称为从片）进行级联，以便扩充 DMA 通道。

特点：可扩展 DMA 通道。采用级联传送方式时，1 块主片最多允许与 4 块从片相连。主片通过编程设置为级联传送方式。

8.1.4　8237A 的内部寄存器功能及格式

8237A 的内部寄存器有两类：一类为通道寄存器，每个通道包括基地址寄存器、当前地址寄存器、基字节寄存器、当前字节数寄存器和工作方式寄存器，这些寄存器内容在初始化编程时写入。另一类为控制寄存器和状态寄存器，4个通道公用，控制寄存器设置8237A传送类型和请求控制等，初始化编程时写入，状态寄存器存放 8237A 工作状态信息，供 CPU 读取查询。

1. 8237A 内部寄存器功能分析

8237A 中，不同类型的寄存器起着不同的作用。在 DMA 操作前须对各寄存器写入一定内容，即对 DMA 控制器编程，以实现所要求的功能，如表8-1所示。

表 8-1　8237A 的内部寄存器

名　称	位　数	数　量	功　能
当前地址寄存器	16	4	保存在 DMA 传送期间的地址值，可读/写
当前字节数寄存器	16	4	保存当前字节数，可读/写
基地址寄存器	16	4	保存当前地址寄存器的初值，只能写入
基字节寄存器	16	4	保存相应通道当前字节数寄存器的初值，只能写入
工作方式寄存器	8	4	寄存相应通道的方式控制字，由编程写入
命令寄存器	8	1	寄存 CPU 发送的控制命令，只写
状态寄存器	8	1	存放 8237A 各通道的现行状态，只读
请求寄存器	4	1	寄存各通道的 DMA 请求信号，只写
屏蔽寄存器	4	1	用于选择允许或禁止各通道的 DMA 请求信号
暂存寄存器	8	1	暂存传输数据，仅用于存储器到存储器的传输，只读

（1）当前地址寄存器：16位，用于存放 DMA 传送的存储器地址值。每传送一个数据，地址值自动增1或减1，以指向下一个存储单元。

（2）当前字节数寄存器：16位，保存当前 DMA 传送的字节数。每次传送以后，字节计数器减1。当其内容从0减1而到达 FFFFH 时，将产生终止计数 TC 脉冲输出终止计数。

（3）基地址寄存器：16位，用来存放对应通道当前地址寄存器的初值，是在 CPU 对 DMA 控制器进行编程时，与当前地址寄存器的值一起被写入的。

（4）基字节寄存器：16位，用于存放对应通道当前字计数器的初值，主要用于自动预置操作时使当前字节计数器恢复初值。

注意：以上寄存器都是16位，若用8位数据线读/写时，由8237A内部高/低触发器控制读/写16位寄存器的高字节或低字节。触发器为0操作低字节，为1操作高字节。系统复位至此触发器清为0。每当16位通道寄存器进行一次8位读/写操作，此触发器自动改变状态。因此，对16位寄存器的读/写分两次连续进行，不必清除该触发器。

（5）命令寄存器：8位，编程时，CPU 对其写入命令字来控制8237A的操作，其格式及功能如图8-1所示。

（6）工作方式寄存器：8位，用于指定 DMA 的操作类型、传送方式、是否自动预置和传送1字节数据后地址是按增1还是减1修改，其格式及功能如图8-2所示。

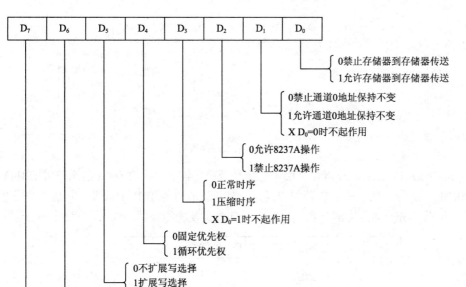

图 8-1 命令寄存器格式

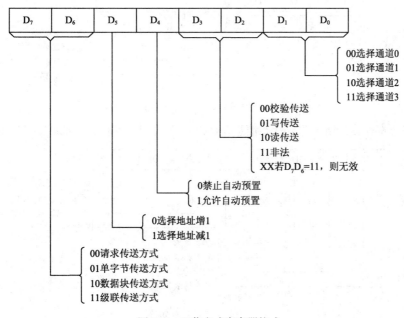

图 8-2 工作方式寄存器格式

（7）请求寄存器：当外部有 DMA 请求信号 DREQ 或软件产生一个 DMA 请求时，选中通道的请求位置 1，该请求保存在请求寄存器中。请求寄存器用于由软件来启动 DMA 请求的设备，其格式及功能如图 8-3 所示。

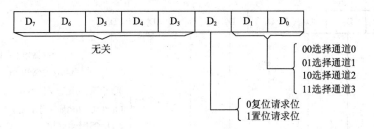

图 8-3　请求寄存器格式

（8）屏蔽寄存器：屏蔽寄存器用于选择是否禁止各通道接收 DMA 请求信号 DREQ。当某通道的屏蔽位为 1 时，表示屏蔽相应通道，禁止该通道的 DREQ 请求，并禁止该通道 DMA 操作。屏蔽字分为通道屏蔽字和主屏蔽字，其格式及功能分别如图 8-4、图 8-5 所示。

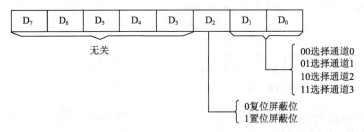

图 8-4　通道屏蔽字格式

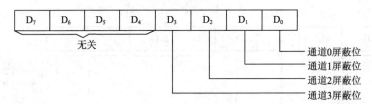

图 8-5　主屏蔽字格式

（9）状态寄存器：用来存放状态信息，可供 CPU 读出，其格式及功能如图 8-6 所示。

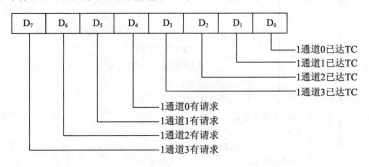

图 8-6　状态寄存器格式

（10）暂存寄存器：8 位，在存储器至存储器传送期间用来暂存从源地址单元读出的数据。

2. 8237A 软件命令

8237A 设置了 3 条软件命令，分别为：

（1）主清除命令：能清除命令寄存器、状态寄存器、各通道的请求标志位、暂存寄存器

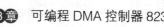

和字节指示器，并把各通道的屏蔽标志位置 1，使 8237A 进入空闲周期。

（2）清除字节指示器命令：用来清除字节指示器。

（3）清除屏蔽寄存器命令：清除 4 个通道的全部屏蔽位，使各通道均能接受 DMA 请求。

8.1.5　8237A 的编程及应用

1. 8237A 主要寄存器端口地址分配

每片 8237A 有 4 个地址选择线 $A_3 \sim A_0$，故占用 16 个连续的端口地址，地址的高 4 位为 0。为便于编程，这里给出各个寄存器对应的端口地址，如表 8-2 所示。

表 8-2　8237A 寄存器的寻址

A_3	A_2	A_1	A_0	通　道　号	读操作（/IOR）	写操作（/IOW）
0	0	0	0	0	读当前地址寄存器	写当前（基）地址寄存器
0	0	0	1		读当前字节数寄存器	写当前（基）字节数寄存器
0	0	1	0	1	读当前地址寄存器	写当前（基）地址寄存器
0	0	1	1		读当前字节数寄存器	写当前（基）字节数寄存器
0	1	0	0	2	读当前地址寄存器	写当前（基）地址寄存器
0	1	0	1		读当前字节数寄存器	写当前（基）字节数寄存器
0	1	1	0	3	读当前地址寄存器	写当前（基）地址寄存器
0	1	1	1		读当前字节数寄存器	写当前（基）字节数寄存器
1	0	0	0	公共	读状态寄存器	写命令寄存器
1	0	0	1		—	写请求寄存器
1	0	1	0		—	写屏蔽寄存器某一位
1	0	1	1			写模式控制寄存器
1	1	0	0		—	清除字节指示器
1	1	0	1		读暂存寄存器	主清除
1	1	1	0			清除屏蔽寄存器
1	1	1	1		—	写屏蔽寄存器所有位

2. 8237A 的初始化编程步骤

（1）发送主清除命令，使 8237A 处于复位状态，以接收新的命令。

（2）写工作方式寄存器，以确定 8237A 工作方式和传送类型。

（3）写命令寄存器，以启动 8237A 的工作。

（4）根据所选通道，输入相应通道当前地址寄存器和基地址寄存器的初始值，将传送数据块的首地址（末地址）按照先低位后高位的顺序写入。

（5）输入当前字节数寄存器和基字节寄存器的初始值，将传送数据块的字节数 N（写入的值为 N-1）按照先低位后高位的顺序写入。

（6）写屏蔽寄存器，开放指定 DMA 通道的请求。

（7）写请求寄存器，只有用软件请求 DMA 传送（存储器与存储器之间的数据块传送）时，才需要写该寄存器。如果有软件请求，就写入指定通道，以便开始 DMA 传送过程；如果没有软件请求，则在完成前 6 步编程后，由通道的 DREQ 启动 DMA 传送。

8.2 典型例题解析

【例8.1】简述 8237A 的内部结构及功能。

【解析】8237A 内部结构主要由以下五部分组成：

（1）时序与控制逻辑：工作在从态时，该部分电路接收系统送来的时钟、复位、片选和读/写控制等信号，并完成相应的控制操作；工作在主态时则向系统发出相应的控制信号。

（2）优先级编码电路：对同时提出 DMA 请求的多个通道进行排队判优，决定哪一个通道的优先级最高。

（3）数据和地址缓冲器组：是三态缓冲器，可以接管或释放总线。

（4）命令控制逻辑：接收或发出各种控制命令。

（5）内部寄存器：完成 8237A 的初始化处理。

【例8.2】8237A 有哪些内部寄存器？有什么特点？

【解析】8237A 的每个通道都有基地址寄存器、基字节寄存器、当前地址寄存器、当前字节数寄存器和工作方式寄存器。还有命令寄存器、屏蔽寄存器、请求寄存器、状态寄存器和暂存寄存器共用。

上述这些寄存器均是可编程寄存器，用户可通过编程对 8237A 进行初始化操作。另外，还有字数暂存器和地址暂存器等不可编程的寄存器。

【例8.3】简述 8237A 命令寄存器的作用，寄存器中各位的具体功能有哪些？

【解析】8237A 命令寄存器是一个 8 位寄存器，用来控制 8237A 的操作。编程时由 CPU 对其写入命令字，采用复位信号（RESET）和软件清除命令清除。

命令寄存器中的各位的具体功能如下：

（1）D_0 位允许进行存储器至存储器之间的传送。

（2）D_1 位用于决定执行存储器到存储器传送操作时是否允许通道 0 的地址保持不变。

（3）D_2 位用来表示允许还是禁止 8237A 工作。

（4）D_3、D_5 位是与时序有关的控制位。

（5）D_4 位用来设定通道的优先权结构。

（6）D_6 位用于控制 DREQ 为高电平有效或低电平有效。

（7）D_7 位用于控制 DACK 为高电平有效或低电平有效。

【例8.4】分析 8237A 怎样进行优先级管理？

【解析】8237A 的优先级管理是通过命令寄存器来实现的。命令寄存器中的 D_4 位用来设定通道优先权结构。

（1）D_4 位为 0 时为固定优先权。规定通道 0 的优先级最高，通道 1 次之，通道 3 最低。

（2）$D_4=1$ 时为循环优先权。使刚服务过的通道 i 的优先权变成最低，而让通道 $i+1$ 的优先权变为最高，当 $i+1=4$ 时使通道号为 0。随着 DMA 操作的不断进行，优先权也不断循环变化，这样可防止某一通道长时间占用总线。

【例8.5】编写程序利用 8237A 的通道 1，将内存起始地址为 80000H 的 300H 字节内容直接输出给外设。

【解析】本题参考程序如下：

```
        MOV      AL,4                    ;命令字,禁止 8237A 工作
```

OUT	DMA+08,AL	;写命令寄存器
MOV	AL,0	
OUT	DMA+0DH,AL	;写主清除命令,清除高/低触发器
MOV	02,AL	;写低位地址 00
OUT	02,AL	;写高位地址 00
MOV	AL,8	;页面地址为 8
OUT	83H,AL	;写入页面寄存器
MOV	AX,300H	;传输字节数
DEC	AX	
OUT	03,AL	;写字节数低位
MOV	AL,AH	
OUT	03,AL	;写字节数高位
MOV	AL,49H	;方式字,单字节读,地址加 1
OUT	DMA+0BH,AL	
MOV	AL,44H	;命令字,DACK 和 DREQ 低有效
OUT	DMA+08H,AL	;正常时序,固定优先权
MOV	AL,01	;清除通道 1 屏蔽
UT	DMA+0AH,AL	
WAITF: IN	AL,08	;读通道 1 状态
AND	AL,02	;传输完成否
JZ	WAITF	;没完成,等待
MOV	AL,05	;完成,屏蔽通道 1
OUT	DMA+0AH,AL	
⋮		

8.3 思考与练习题解答

一、填空题

1. ①DMA 控制器；②I/O 设备和存储器之间或存储器与存储器；③单字节传送方式、数据块传送方式、请求传送方式和级联传送方式。

2. ①进行初始化编程；②用 OUT 指令对相应通道或寄存器写入命令或数据，使 DMA 控制器处于选定的工作方式从而进行指定的操作。

3. ①主清除命令、清除字节指示器命令和清除屏蔽寄存器；②某个适当地址进行写入操作。

二、简答题

1. 【解答】8237A 有两种不同的工作状态，分别为从态方式和主态方式。

（1）在 DMA 控制器未取得总线控制权时必须由 CPU 对 DMA 控制器进行编程，这时 CPU 处于主控状态，而 DMA 控制器就和一般的 I/O 芯片一样，是系统总线的从设备，DMA 控制器的这种工作方式称为从态方式。

（2）当 DMA 控制器取得总线控制权后，系统就完全在它的控制之下，使 I/O 设备和存储器之间或存储器与存储器之间进行直接的数据传送，DMA 控制器的这种工作方式称为主态方式。

2. 【解答】8237A DMA 控制器的当前地址寄存器用于存放 DMA 传送的存储器地址值。当前字节寄存器保存当前 DMA 传送的字节数。基字节寄存器用于存放对应通道当前字节计数器的初值。

3. 【解答】8237A 进行 DMA 传送时有 4 种传送方式，其特点为：

（1）单字节传输方式：一次 DMA 传送至传送 1 个字节的数据，占用 1 个总线周期，然后释放系统总线。

（2）数据块传输方式：数据传输效率高，DREQ 有效电平只要保持到 DACK 有效，就能传送完整批数据，但整个数据块传送期间，CPU 失去总线控制权，因而别的 DMA 请求也被禁止。

（3）请求传输方式：DREQ 信号一直有效时则连续传送数据，只有当字节计数器由 1 减为 FFFFH 或外部送来有效的 $\overline{EOP}$ 信号或 DREQ 变为无效时才结束 DMA 传送过程。

（4）级联传输方式：可扩展 DMA 通道。采用级联传送方式时，1 块主片最多允许与 4 块从片相连。

4. 【解答】两种，分别为通道屏蔽字和主屏蔽字。

三、设计题

1. 【解答】参考源程序如下：

```
DMA    EQU   00H                      ;8237A 的基地址为 00H
;输出主清除命令
OUT    DMA+0DH,AL                     ;发总清除命令
;写入方式字:单字节读传输,地址减 1 变化,无自动预置功能,选择通道 0
MOV    AL,01101010B                   ;方式字
OUT    DMA+0BH,AL                     ;写入方式字
;把要传送的总字节数 1K=400H 减 1 后,送到基字计数器和当前字计数器
MOV    AX,0400H                       ;总字节数
DEC    AX                             ;总字节数减 1
OUT    DMA+01H,AL                     ;先写入字节数的低 8 位
MOV    AL,AH
OUT    DMA+01H,AL                     ;后写入字节数的高 8 位
```

2. 【解答】本题的初始化程序如下：

```
DMA    EQU   000H                     ;8237A 的基地址为 00H
;输出主清除命令
OUT    DMA+0DH,AL                     ;发总清除命令
;写入方式字:单字节读传输,地址减 1 变化,无自动预置功能,选择通道 0
MOV    AL,01101000B                   ;方式字
OUT    DMA+0BH,AL                     ;写入方式字
;写入方式字:单字节读传输,地址减 1 变化,无自动预置功能,选择通道 1
MOV    AL,01101001B                   ;方式字
OUT    DMA+0BH,AL                     ;写入方式字
;写入方式字:数据块传输方式,地址加 1 变化,有自动预置功能,选择通道 2
MOV    AL,10010010B                   ;方式字
OUT    DMA+0BH,AL                     ;写入方式字
;写入方式字:数据块传输方式,地址加 1 变化,有自动预置功能,选择通道 3
MOV    AL,10010010B                   ;方式字
OUT    DMA+0BH,AL                     ;写入方式字
;写入命令字:DACK 为高电平有效,DREQ 为低电平有效,用固定优先级方式
MOV    AL,11000000 B                  ;命令字
OUT    DMA+08H,AL                     ;写入 8237A
```

中断技术 《《《

第 9 章

学习要点:

- 中断技术的概念。
- 中断优先权及其管理。
- 8086 的中断结构。
- 可编程中断控制器 8259A 及其应用。

9.1 本章重点知识

9.1.1 中断技术概述

1. 中断的概念

中断是指 CPU 在正常执行程序的过程中，由于内部/外部事件或由程序的预先安排，引起 CPU 暂时中断当前程序的运行而转去执行为内部/外部事件或预先安排的事件服务的子程序，待中断服务子程序执行完毕后，CPU 再返回到暂停处（断点）继续执行原来的程序。

2. 中断技术的优点

在计算机系统中采用中断技术具有以下优点：

（1）CPU 与外设可以并行操作。

（2）可以对实时信息进行采集、处理和控制。

（3）可以对计算机出现的故障进行随机处理。

3. 中断源

能引起中断的外围设备或内部原因称为中断源。按照与 CPU 的位置关系可分为内部中断和外部中断。内部中断是 CPU 在处理某些特殊事件时所引起或通过内部逻辑电路自己去调用的中断。外部中断是由于外围设备要求数据输入/输出操作时请求 CPU 为之服务的一种中断。

通常中断源有以下几种：

（1）设备中断。

（2）指令中断。

（3）故障中断。

（4）实时时钟中断。

（5）CPU 内部运算产生的除法出错、运算溢出、程序调试设置断点等引起的中断。

4. 中断源的识别

识别中断源通常有以下两种方法：

（1）查询中断：用软件查询的方法确定中断源。当 CPU 收到中断请求信号时，通过执行一段查询程序，从多个可能的外设中查询申请中断的外设。

（2）向量中断：每个中断源预先指定一个向量标志，要求外设在提出中断请求的同时，提供该中断向量标志。当 CPU 响应某个中断源的中断请求时，控制逻辑就将该中断源的向量标志送入 CPU，CPU 根据向量标志自动找到相应的中断服务程序入口地址，转入中断服务。这种中断源识别方法较查询中断要快很多。

5．中断处理过程

一个微机系统的中断处理过程大致可分为以下 4 个步骤：

（1）中断请求。

（2）中断响应。

（3）中断服务。

（4）中断返回。

上述步骤有的是通过计算机硬件电路完成的，有的是由程序员编写程序来实现的。

6．中断优先级管理

在中断系统中，CPU 一般要根据各中断请求的轻重缓急分别处理，即给每个中断源确定一个中断优先级——中断优先权，系统能够自动地对它们进行排队判优，保证首先处理优先级高的中断请求，待优先级高的中断请求处理完毕后，再响应级优先级较低的中断请求。

通常有两种方法解决中断优先权的识别问题：

（1）软件查询法：中断优先权由查询顺序决定，最先查询的中断源具有最高的优先权。

特点：电路比较简单。软件查询的顺序就是中断优先权的顺序，不需要专门的优先权排队电路，可以直接修改软件查询顺序来修改中断优先权，不必更改硬件。缺点是当中断源个数较多时，由逐位检测查询到转入相应的中断服务程序所耗费的时间较长，中断响应速度慢，服务效率低。

（2）硬件优先权排队电路：利用外设连接在排队电路的物理位置来决定其中断优先权，排在最前面的优先权最高，排在最后面的优先权最低。

特点：硬件连接的顺序就是中断优先级的顺序，中断响应速度快，但需要增加硬件连接电路，成本较高。

7．单级中断与多级中断

（1）单级中断：中断结构中最基本的形式。系统中所有中断源都属于同一级，所有中断请求触发器排成一行，其优先次序是离 CPU 越近优先级越高。当响应某一中断请求时，CPU 执行该中断源的中断服务程序，此过程中，中断服务程序不允许被其他中断源所打断，即使优先级比它高的中断源也不例外，只有当该中断服务程序执行完毕之后，才能响应其他中断。

（2）多级中断：计算机系统中多个中断源根据中断事件的轻重缓急程度不同而分成若干级别，每一个中断级分配一个优先级。优先级高的中断可打断优先级低的中断服务程序，以中断嵌套方式进行工作。

在中断优先级已定的情况下，CPU 总是首先响应优先级最高的中断请求。当 CPU 正在响应某一中断源的请求，即正在执行某个中断服务程序时，若有优先级更高的中断源申请中断，为使优先级更高的中断源能及时得到服务，CPU 就应暂停当前正在服务的级别较低的服务程序而转入新的中断源服务，等新的优先级较高的中断服务程序执行完后，再返回到被暂停的中断服务程序继续执行，直至处理结束返回主程序，这种过程称为中断嵌套。

中断嵌套的出现扩大了系统中断功能，进一步加强了系统处理紧急事件的能力。

9.1.2 8086 中断系统

1．中断类型

8086 中断源分为内部中断和外部中断两大类。

2．内部中断

（1）内部中断也称软件中断，是由处理器检测到异常情况或执行软件中断指令引起。

（2）内部中断通常有以下几种类别：

① 除法出错中断（类型 0）。

② 单步中断（类型 1）。

③ 断点中断（类型 3）。

④ INTO 溢出中断（类型 4）。

⑤ INT n 指令中断。

（3）内部中断的特点：

① 中断矢量号是由 CPU 自动提供的，不需要执行中断响应总线周期去读取矢量号。

② 除单步中断外，所有内部中断都无法禁止，即都不能通过执行 CLI 指令使 IF 位清零来禁止对它们的响应。

③ 除单步中断外，任何内部中断的优先权都比外部中断高。

3．外部中断

外部中断也称硬件中断，由 CPU 外部中断请求信号触发，分为不可屏蔽中断 NMI 和可屏蔽中断 INTR。

（1）不可屏蔽中断请求 NMI：由 CPU 芯片的 NMI 引脚引入，采用边沿触发。它不受中断允许标志位 IF 的影响，即使在关中断（IF=0）的情况下，CPU 也能在当前指令执行完毕后就响应 NMI 上的中断请求。

（2）可屏蔽中断 INTR：由 CPU 芯片的 INTR 引脚引入，采用电平触发方式，高电平有效。CPU 在当前指令周期的最后一个 T 状态采样 INTR 中断请求线，若发现有可屏蔽中断请求，CPU 将根据中断允许标志位 IF 的状态决定是否响应。

如 IF=0，表示 CPU 处于关中断状态，屏蔽 INTR 线上的中断，CPU 不理会该中断请求而继续执行下一条指令。

如 IF=1，表示 CPU 处于开中断状态，允许 INTR 线上的中断，CPU 执行完现行指令后转入中断响应周期。

4．中断处理优先级顺序

系统的中断处理按照中断优先权从高到低的排队顺序对中断源进行响应，8086 系统的中断优先级处理次序如下：

（1）除法错误中断、溢出中断、INT N 指令中断、断点中断。

（2）非屏蔽中断 NMI。

（3）可屏蔽中断 INTR。

（4）单步中断。

5．中断向量表

中断向量是中断服务程序的入口地址，每一个中断服务程序都有一个唯一确定的入口地址"中断向量"。系统中的所有中断向量集中起来放到存储器某一区域内称为中断向量表。

8086 中断系统可处理 256 种不同的中断，对应中断类型码为 0～255，每个中断类型码与一个中断服务程序相对应，每个中断服务程序都有自己的入口地址。该入口地址包括中断服务程序段基址（CS）和偏移地址（IP），各占 2 个字节单元，每个中断向量占用 4 个字节单元，256 个中断向量共需占用 1 024 个（即 1KB）字节单元。

为寻址方便，8086 系统在存储器最低端地址从 0000H～03FFH 共 1 KB 单元作为中断向量存储区，即中断向量表。每个入口地址所占的 4 个字节单元中，两个高字节单元存放段基址 CS，两个低字节单元存放偏移地址 IP。

中断向量表分为专用中断、系统保留中断和用户中断 3 部分。

（1）专用中断：类型 0～类型 4，其中断服务程序的入口地址由系统负责装入，用户不能随意修改。

（2）系统保留中断：类型 5～类型 31，是 Intel 公司为软、硬件开发保留的中断类型，一般不允许用户改作其他用途。

（3）用户中断：类型 32～类型 255，为用户可用中断，其中断服务程序的入口地址由用户程序负责装入。这些中断可由用户定义为软件中断，由 INT n 指令引入，也可通过 INTR 引脚直接引入或通过可编程中断控制器 8259A 引入。

6．8086 中断处理过程

8086 中断处理包括中断请求、中断响应、中断服务和中断返回等过程。

9.1.3　可编程中断控制器 8259A 及其应用

1．8259A 的主要功能

（1）接受 8 级可屏蔽中断请求，通过级联可扩展到 64 级中断优先级控制。

（2）每一级中断均可通过程序来单独屏蔽或允许。

（3）为 CPU 提供中断类型号，在中断响应过程中提供中断服务程序入口地址指针。

（4）8259A 具有多种中断管理方式，可通过编程进行选择。

2．8259A 的内部结构

8259A 内部结构主要有中断请求寄存器、中断屏蔽寄存器、中断服务寄存器、数据总线缓冲器、读/写控制逻辑、优先权电路、控制逻辑和级联缓冲器/比较器等部分组成。8259A 的内部结构示意图如图 9-1 所示。

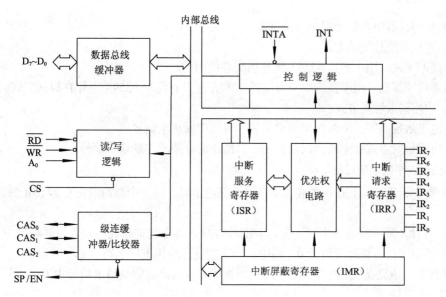

图 9-1 8259A 的内部结构示意图

3. 8259A 中断管理方式

（1）中断优先级设置方式：

① 一般完全嵌套方式：具有固定优先权排队顺序，IR_0 为最高优先级，IR_1 为次高优先级，依此类推，IR_7 为最低优先级。在某个级别的中断请求正在被服务期间，8259A 将禁止同级或较低级的中断请求，但允许高优先级的中断打断低优先级的服务，实现嵌套中断。

② 特殊完全嵌套方式：当处理某一级中断时，如有同级的中断请求也会给予响应，从而实现对同级中断请求的特殊嵌套。

③ 优先级自动循环方式：当某个中断源被服务后，它的优先级别就被改变为最低，而最高优先级分配给该中断的下一级中断。适用于系统中多个中断源的优先级相等的情况。

④ 优先级特殊循环方式：开始的最低优先级由编程确定，最低优先级设置后最高优先级也就确定了。例如，最初始时由软件设 IR_2 为最低优先级，则 IR_3 就为最高优先级，其他依此类推。

（2）中断屏蔽方式：

① 普通屏蔽方式：CPU 向 8259A 中断屏蔽寄存器 IMR 中发一个屏蔽字，当屏蔽字中某一位或某几位为"1"时，与这些位相对应的中断源就被屏蔽，它们的中断申请就不能传送到CPU；屏蔽字中为"0"的位表示对应中断源允许提出中断请求。

② 特殊屏蔽方式：所有未被屏蔽的优先级中断请求均可在某个中断过程中被响应，可在中断服务程序执行期间动态地改变系统的优先结构。

（3）中断结束管理：

① 自动中断结束方式：用于在一些以预定速率发生中断，且不会发生同级中断互相打断或低级中断打断高级中断的情况下。

② 普通中断结束方式：用在普通完全嵌套情况下，只有在当前结束的中断总是尚未处理完的级别最高的中断时才能使用。

③ 特殊中断结束方式：当中断服务结束时，给 8259A 发出 EOI 命令，在命令字中明确

指出对 ISR 寄存器中指定级别相应位清零。

（4）连接系统总线的方式：

① 缓冲方式：用于多片 8259A 级联的大系统中。

② 非缓冲方式：用于系统中只有单片 8259A 或只有几片 8259A 工作在级联方式时。

（5）中断请求触发方式：

① 电平触发方式：中断源用高电平表示有效中断请求信号。

② 边沿触发方式：中断源以信号的上升沿作为有效的中断请求信号。

4. 8259A 中断响应过程

（1）当中断请求线上有一条或若干条变为高电平时，则使中断请求寄存器 IRR 的相应位置位。

（2）当 IRR 某一位被置 1 后，会与 IMR 中相应的屏蔽位进行比较，若该屏蔽位为 1，则封锁该中断请求；若该屏蔽位为 0，则中断请求被发送给优先权电路。

（3）优先权电路接收到中断请求后，把当前优先权最高的中断请求信号由 INT 引脚输出，送到 CPU 的 INTR 端。

（4）若 CPU 处于开中断状态，则在当前指令执行完后，发出 $\overline{\text{INTA}}$ 中断响应信号。

（5）8259A 接收到第 1 个 $\overline{\text{INTA}}$ 信号，把允许中断的最高优先级请求位放入 ISR，并清除 IRR 中的相应位。

（6）CPU 发出第 2 个 $\overline{\text{INTA}}$，在该脉冲期间，8259A 发出中断类型号。

（7）若 8259A 处于自动中断结束方式，则第 2 个 $\overline{\text{INTA}}$ 结束时，相应 ISR 位被清零。

（8）CPU 收到中断类型号，将它乘 4 得到中断向量表地址，然后转中断服务程序。

5. 8259A 的编程

8259A 的编程包括两类：

（1）初始化编程：8259A 必须用初始化命令字 $ICW_1 \sim ICW_4$ 设置初始状态。对 8259A 的初始化编程是微机加电时由基本输入/输出系统（BIOS）完成的，用户一般不应改变。

（2）操作方式编程：操作命令字 $OCW_1 \sim OCW_3$，用来设定 8259A 的工作方式。

9.2 典型例题解析

【例 9.1】如何识别微机系统的中断源？

【解析】识别中断源通常采用查询中断和向量中断两种方法。

（1）查询中断：用软件查询的方法确定中断源。当 CPU 收到中断请求信号时，通过执行一段查询程序，从多个可能的外设中查询申请中断的外设。

（2）向量中断：每个中断源预先指定一个向量标志，要求外设在提出中断请求的同时，提供该中断向量标志。根据中断向量就可以快速找到相应的中断服务程序入口地址，转入中断服务。

向量中断比查询中断的速度要快很多。

【例 9.2】8086 如何进行中断管理？

【解析】8086 系统通过中断向量表可管理 256 种中断。每种类型的中断都指定一个中断向量号，每一个中断向量号与一个中断服务程序相对应。中断服务程序存放在存储区域内，中断服务程序的入口地址存放在内存储器的中断向量表内。当 8086 处理中断时，以中断向量为索引号，从中断向量表中取得相应中断服务程序的入口地址。

当发生中断向量号为 n 的中断请求时，CPU 首先把向量号乘 4，得到中断向量表的地址，然后把中断向量表 $4n$ 地址开始的两个低字节单元内容装入 IP 寄存器，再把两个高字节单元内容装入 CS 寄存器，这样就把控制引导到类型 n 的中断服务程序的起始地址，开始类型 n 的中断处理过程。

中断向量表设置在存储器 RAM 的低地址区（00000H~003FFH）。每次开机启动后，在系统正常工作前须对其进行初始化，即将相应中断服务程序入口地址装入中断向量中。

【例 9.3】简述微机系统的中断处理过程。

【解析】微机系统的中断处理过程可分为中断请求、中断响应、中断处理和中断返回 4 个步骤，这些步骤有的是通过硬件电路完成的，有的是由程序员编写程序来实现的。

（1）中断请求：外设需要进行中断处理时向 CPU 提出中断请求，CPU 在每条指令执行结束后去采样或查询有无中断请求信号。若查询到有中断请求且在允许响应中断的情况下，系统自动进入中断响应周期。

（2）中断响应：若为非屏蔽中断请求，则 CPU 执行完现行指令后就立即响应中断。CPU 要响应可屏蔽中断请求必须满足 3 个条件：无总线请求、CPU 允许中断、CPU 执行完现行指令。

（3）中断处理：要进行以下操作。

① 保护现场：CPU 响应中断时自动完成 CS、IP 寄存器以及标志寄存器 FLAGS 的保护。

② 开中断：主要是为了实现中断嵌套。

③ 中断服务：CPU 通过执行中断服务程序，完成对中断情况的处理。

（4）中断返回：当 CPU 执行中断返回指令 IRET 时，自动把断点地址从堆栈中弹出到 CS 和 IP 中，原来的标志寄存器内容弹回 FLAGS，恢复到原来的断点继续执行程序。

【例 9.4】简述 8259A 的主要功能。

【解析】8259A 可编程中断控制器的主要功能为：

（1）具有 8 级中断优先权控制，通过级联方式可扩展到 64 级中断优先权控制。

（2）每一级中断都可以屏蔽或允许。

（3）在中断响应周期，8259A 可提供相应的中断类型码。

（4）8259A 有多种中断管理方式，可通过编程来进行选择。

【例 9.5】简述 8259A 可编程中断控制器的内部结构。

【解析】8259A 可编程中断控制器主要由以下几部分组成：

（1）中断请求寄存器（IRR）。

（2）中断屏蔽寄存器（IMR）。

（3）中断服务寄存器（ISR）。

（4）8 位数据总线缓冲器。

（5）读/写控制逻辑。

（6）优先权电路。

（7）控制逻辑。

（8）级联缓冲器/比较器。

【例 9.6】8259A 可编程中断控制器有几种连接系统总线的方式？

【解析】8259A 可编程中断控制器有两种连接系统总线的方式。

（1）缓冲方式：在多片 8259A 级联的大系统中，8259A 通过总线驱动器与系统数据总线相连。

（2）非缓冲方式：当系统中只有单片 8259A 或只有几片 8259A 工作在级联方式时，可以将 8259A 直接与数据总线相连。适用于不太大的系统。

【例 9.7】对 8259A 进行初始化编程。要求中断请求信号上升沿有效，单片工作，需要写 ICW$_4$；对应的中断向量为 08H~0FH；指定 CPU 为 8086，不自动中断结束；屏蔽所有中断。

【解析】根据题目要求，对 8259A 初始化编程如下：

```
        MOV   AL,13H              ;写 ICW₁
        OUT   20H,AL
        MOV   AL,08H              ;写 ICW₂
        OUT   21H,AL
        MOV   AL,09H              ;写 ICW₄
        OUT   21H,AL
        MOV   AL,0FFH             ;写 OCW₁
        OUT   21H,AL
        ⋮
```

9.3　思考与练习题解答

一、填空题

1. ①CPU 在正常执行程序过程中，由于内外部事件或程序预先安排引起 CPU 暂时中断当前程序的运行转去执行中断服务子程序，执行完毕后 CPU 再返回到暂停处继续执行原来程序；②中断控制器。

2. ①能引起中断的设备或事件；②内部中断和外部中断。

3. 除法出错、溢出中断和断点中断。

4. ①查询中断和向量中断；②采用软件查询技术确定发出中断请求的中断源；③采用提供中断向量的方法确定中断源。

5. ①中断服务程序的入口地址；②中断向量表。

6. ①256；②0 ~ 255；③中断服务程序；④4；⑤中断服务程序段基址；⑥中断服务程序偏移地址。

二、简答题

1.【解答】（1）中断是指 CPU 在正常执行程序时，由于内部/外部时间或程序的预先安排引起 CPU 暂时终止执行现行程序，转而去执行请求 CPU 为其服务的服务程序，待该服务程序执行完毕，又能自动返回到被中断的程序继续执行。

（2）中断源是能引起中断的外围设备或内部原因。

（3）常见的中断源有：一般输入/输出设备、实时时钟、故障源、软件中断。

2.【解答】确定中断优先权有软件查询和硬件优先权排队电路两种方法。

（1）软件查询方法：电路比较简单，查询顺序就是中断优先权的顺序，可直接修改软件查询顺序来修改中断优先权。但当中断源个数较多时，中断响应速度慢，服务效率低。

（2）硬件优先权排队电路：利用外设连接在排队电路的物理位置来决定中断优先权，排在最前面的优先权最高，排在最后面的优先权最低。中断响应速度快，服务效率高，但需要专门的硬件电路。

IBM PC 系列微机中采用的是硬件优先权排队电路来确定中断的优先权。

3.【解答】（1）8086 的中断分为内部中断和外部中断。

① 内部中断特点：中断向量号由 CPU 自动提供，不需要执行中断响应总线周期去读取向量号；除单步中断外，所有内部中断都无法禁止。除单步中断外，任何内部中断的优先权都比外部中断高。

② 外部中断特点：分不可屏蔽中断 NMI 和可屏蔽中断 INTR。NMI 不受中断允许标志位 IF 的影响，即使在关中断的情况下，CPU 也能在当前指令执行完毕后就响应 NMI 上的中断请求。而 INTR 受中断标志位 IF 的影响。

（2）一种中断对应一个中断服务程序，每一个中断服务程序有一个确定的入口地址，这个地址称为中断向量。

（3）把系统中所有的中断向量集中起来，按中断类型号从小到大的顺序放到存储器的某一个区域，这个存放中断向量的存储区称为中断向量表。

（4）8086 系统总共可处理 256 级中断。

4.【解答】（1）由 NMI 引脚引入，不受中断允许标志位 IF 影响的中断请求是非屏蔽中断。

（2）由 INTR 引脚引入，受中断允许标志位 IF 影响的中断请求是可屏蔽中断。

（3）只要 NMI 上请求脉冲的有效宽度大于两个时钟周期，CPU 就能将这个请求信号锁存起来，当 CPU 在 NMI 引脚上采样到一个由低到高的跳变信号时，就自动进入 NMI 中断服务程序。对于可屏蔽中断，CPU 将根据中断允许标志位 IF 的状态决定是否响应。若 IF=0，CPU 不理会该中断请求而继续执行下一条指令；若 IF=1，CPU 执行完现行指令后转入中断响应周期。

5.【解答】IF 是 8086 微处理器内部标志寄存器 FLAGS 的中断允许标志位。若 IF=1，则 CPU 可以接受中断请求；若 IF=0，8086 就不接收外部可屏蔽中断请求 INTR 引线上的请求信号。

编写程序时，用 STI 指令使中断允许标志位 IF=1，目的是使 CPU 能够接受中断请求，或实现中断嵌套。而用 CLI 指令使中断允许标志位 IF=0，则可以关中断，使 CPU 拒绝接收外部中断请求信号。

如果 8259A 的中断屏蔽寄存器 IMR 中的某位为 1，就把这一位对应的中断请求输入信号 IR 屏蔽掉，无法被 8259A 处理，也无法向 8086 处理器产生 INTR 请求。

6.【解答】8259A 结束中断处理的方式有：

（1）普通中断结束方式：任何一级中断服务程序结束时给 8259A 发送一个 EOI 命令，8259A 将 ISR 寄存器中级别最高的置"1"位清 0。这种方式只有在当前结束的中断总是尚未处理完的级别最高的中断时才能使用。

（2）自动中断结束方式：中断服务程序结束时将当前结束的中断级别也传送给 8259A，8259A 将 ISR 寄存器中指定级别的相应置"1"位清零，适合于在任何情况下使用。

（3）特殊中断结束方式：特殊中断结束方式是在普通中断结束方式基础上，当中断服务结束给 8259A 发出 EOI 命令的同时，将当前结束的中断级别也传送给 8259A，即在命令字中明确指出对 ISR 寄存器中指定级别相应位清零，所以这种方式也称"指定 EOI 方式"。

三、分析设计题

1. 【解答】根据题目给定，EOI=0、R=1、SL=1，说明 OCW_2 命令为采用自动循环方式的指定优先权结束方式。

又根据 $L_2L_1L_0=011$ 可以判断出当前最高优先级为 IR_3。

所以本题的 8259A 优先权排队顺序为：IR_3、IR_4、IR_5、IR_6、IR_7、IR_0、IR_1、IR_2。

2. 【解答】初始化命令字如下：

（1）初始化主片时，ICW_3 的格式为：

A_0	D_7	D_6	D_5	D_4	D_3	D_2	D_1	D_0
1	0	1	0	0	0	0	0	0

（2）初始化从片时，ICW_3 的格式为：

A_0	D_7	D_6	D_5	D_4	D_3	D_2	D_1	D_0
1	0	0	0	0	0	1	1	0

3. 【解答】由于外部可屏蔽中断的类型码为 08H，而 08H×4=20H，所以，中断服务程序的入口地址存放在 0000:0020H~0000:0023H 的 4 个单元中。

实现将中断服务程序的入口地址填入中断向量表的程序编制如下：

```
DATA SEGMENT PARA  AT 0000H    ;将数据段装入到基地址为 0000H 单元中
ORG       20H                  ;BUF 在偏移地址为 0020H 单元中存数据
BUF       DB 4 DUP(?)
DATA      ENDS
CODE      SEGMENT
ASSUME    CS:CODE
START:    MOV AX,DATA
          MOV DS,AX
          MOV AX,40H
          MOV BX,0020H
          MOV [BX],AX
          MOV AX,20H
          MOV BX,22H
          MOV [BX],AX
          MOV AH,4CH
          INT 21H
CODE      ENDS
          END START
```

第10章

可编程并行接口芯片 8255A «‹‹

学习要点：

- 并行接口的特点及分类。
- 8255A 的编程结构。
- 8255A 的使用方法。
- 8255A 的应用实例。

10.1　本章重点知识

10.1.1　并行接口的分类及特点

1．并行接口的分类

（1）按实现并行传送信息的位数（或称按数据通道的宽度）区分，有 4 位、8 位、16 位甚至更宽。比较常见的数据通道宽度是 8 位，这是因为大多数外设如打印机等最初都是为 8 位机设计的，并且传送最常用的 ASCII 字符码也至少需要 7 位接口。

（2）按在数据线上传送信息所用的握手联络线（也称应答线）的多少区分，有无握手联络线（零握手联络线）、一条握手联络线、二条握手联络线和三条握手联络线 4 类。所谓握手联络线是指在接口和外设间传送数据所用的状态控制信息线。

2．并行接口的特点

（1）并行接口在多根数据线上以字节（或字）为单位与输入/输出设备或控制对象传送数据信息，适用于近距离、高速度的场合。

（2）并行传送的信息不要求固定格式。

（3）并行接口可为简单硬件连线接口和可编程接口。前者的工作方式及功能用硬件来设定；后者的工作方式及功能可用软件编程的方式加以改变，称为可编程接口。

10.1.2　通用可编程并行接口芯片 8255A

1．8255A 的内部结构和引脚功能

（1）8255A 内部有 3 个输入/输出端口，分别为端口 A（A 口）、端口 B（B 口）和端口 C（C 口）。有 A 组控制器和 B 组控制器分别控制 A 组和 B 组的工作方式，由控制字寄存器和控制逻辑组成。另外，8255A 内部还有一个 8 位的输入/输出缓冲器和读/写控制逻辑。

8255A 的内部结构如图 10-1 所示。

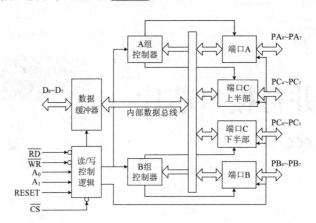

图 10-1 8255A 的内部结构

（2）8255A 有 40 个引脚。主要包括：

① 数据总线 $D_7 \sim D_0$，用于传送计算机和 8255A 间的数据、命令和状态字。

② 复位线 RESET，高电平有效。

③ 片选线 $\overline{CS}$，低电平有效。

④ 读命令线 $\overline{RD}$，低电平有效。

⑤ 写命令线 $\overline{WR}$，低电平有效。

⑥ 地址线 A_0、A_1，用于选择 A 口、B 口和 C 口。

⑦ 端口 A 输入/输出线 $PA_7 \sim PA_0$，双向 I/O 总线。

⑧ 端口 B 输入/输出线 $PB_7 \sim PB_0$，双向 I/O 总线。

⑨ 端口 C 输入/输出线 $PC_7 \sim PC_0$，双向 I/O 总线。

此外，引脚中还有电源 VCC、+5V 及地线 GND。

2. 8255A 的控制字和状态字

8255A 的控制字有两个：一个是工作方式控制字，用于 8255A 的初始化；另一个是端口 C 按位置位/复位控制字，用于 C 口的位操作。

（1）8255A 工作方式控制字：用来设定 8255A 三个端口的工作方式及输入/输出状态，分为方式 0、方式 1、方式 2 三种工作方式。

8255A 工作方式控制字的各位定义如图 10-2 所示。

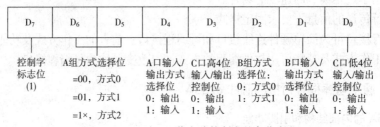

图 10-2 8255A 工作方式控制字的各位定义

（2）端口 C 按位置位/复位控制字：该控制字可以使 C 口各位单独置位或复位，以实现特殊的控制功能。

其中：

- D_7：控制字的特征位，0 有效。
- $D_6 \sim D_4$ 无效。
- $D_3 \sim D_1$：用于控制 $PC_7 \sim PC_0$ 中某位置位和复位，000 为位 0，001 为位 1，依此类推。
- D_0：置位/复位控制位，$D_0=0$ 时控制 C 口某位复位；$D_0=1$ 时控制 C 口某位置位。

（3）8255A 状态字：8255A 设定为方式 1 和方式 2 时，通过读 C 口便可获得相应状态字，可了解 8255A 的工作状态。

3．8255A 的工作方式

可通过软件设定 8255A 的方式控制字，使 8255A 工作在 3 种工作方式之一。

（1）方式 0：直接输入/输出工作方式，8255A 和外设之间无须联络信号。8255A 的 A 口、B 口和 C 口均可由程序设定为输入/输出口。其中输出可被锁存，输入不能锁存。

（2）方式 1：选通输入/输出工作方式，A 口和 B 口皆可独立地设置成这种工作方式。在方式 1 下，既需要数据信号也需要选通联络信号，此时 C 口的位 3~7 为 A 口数据传输提供联络信号，C 口的位 0~2 为 B 口的数据提供联络信号。

选通输入的时序如下：

① 外设通过 $\overline{STB}$ 信号将数据送入 A 口（或 B 口）。

② A 口（或 B 口）的状态标志 IBF 为 1，表示输入缓冲器满，该状态信号可供程序查询。

③ 8255A 产生中断请求信号 INTR，请求 CPU 从 8255 的 A 口（或 B 口）取走数据。

选通输出的时序如下：

① 当 CPU 向 A 口（B 口）输出数据后，$\overline{OBF}$ 为 0，表示输出缓冲区满，此信号可供程序查询，或将 A 口（或 B 口）中的数据输出到外设。

② 当外设取走数据后，向 8255 送来确认信号 $\overline{ACK}$。

③ 8255A 产生中断请求信号 INTR，告诉 CPU 可以输出下一个数据到 8255 的 A 口（或 B 口）了。

（3）方式 2：A 口的带选通双向总线 I/O 方式，且只有 A 口可以工作在该方式下。方式 2 下，A 口既可输入也可输出。由于握手联络信号要用到 $\overline{STB}$、IBF、$\overline{OBF}$、$\overline{ACK}$ 和 INTR 共 5 条联络信号线，要占用 C 口的 5 位。因此，B 口只能在方式 0 或方式 1 下工作，此时 C 口剩余的 3 位可用作输入/输出线，也可用作 B 口的联络信号。

4．8255A 的编程及应用

对 8255A 编程，首先应对 8255A 进行初始化，即向 8255A 写入控制字，规定 8255A 的工作方式，A 口、B 口和 C 口的工作方式等。然后，如果需要中断，则用控制字将中断允许标志置位，就可以按相应的要求向 8255A 送入数据或从 8255A 读出数据。

8255A 要占用 4 个 I/O 端口地址，4 个地址从高到低依次分配给 A 口、B 口、C 口和控制口。

10.2 典型例题解析

【例 10.1】当 8255A 被设定成方式 1 时，其功能相当于以下哪一项？

A．零线握手并行接口   B．一线握手并行接口

C．二线握手并行接口   D．多线握手并行接口

【解析】简单的并行接口有以下几种握手方式：

（1）零线握手：接口电路中不含任何联络信号，是并行接口的最简单形式。

（2）一线握手：并行输入时，外设先将信息置于数据总线上，然后送外设选通信号（握手信号），打入并行口锁存器，同时向 CPU 发中断请求，请求 CPU 将数据取走；并行输出时，先将信号送外设数据线，待其稳定后再发出外设写脉冲（握手信号），让外设接收信息。

（3）二线握手及多线握手：一线握手方式总是假设发送方所发送的数据已就绪，接收方可以接收，但接收方是否已做好准备并没有信号通知发送方。因此，在一线握手基础上再增加一条或多条握手联络线，就可实现应答，即数据接收完毕后通知发送方。

8255A 在方式 1 下，A 口和 B 口仍作为输入/输出端口，C 口高 5 位和低 3 位分别作为 A 口和 B 口的控制信息和状态信息。方式 1 输入数据，$\overline{STB}$=0 时，把外围设备送来的数据输入锁存器。IBF 为输入缓冲器满信号，是给外设的应答信号。这样，方式 1 输入下有两条握手联络信号；方式 1 输出数据时，OBF 为输出缓冲器满信号，是输出给外设的控制信号。$\overline{ACK}$ 为响应信号，是外设给接口的应答信号，表示 8255A 中的数据已从接口送到外设。

所以，本题答案应选 C，二线握手并行接口。

【例 10.2】假定对 8255A 进行初始化时，访问的端口地址为 0CBH，并将 A 口设置为工作方式 1 输出，则 A 口的地址是以下哪一项？

A．0C8H   B．0CAH   C．0CCH   D．0CEH

【解析】8255A 内部共有 4 个端口地址，依次为 A 口、B 口、C 口和控制口，现已知控制口的地址是 0CBH，由此可以推知，A 口地址为 0CBH−3=0C8H，所以，本题答案应选 A。

【例 10.3】设 8255A 的 A 口工作于方式 1 输出，并与打印机相连，则 8255A 与打印机的联络信号为以下哪一项？

A．IBF、$\overline{STB}$ B．RDY、$\overline{STB}$ C．$\overline{OBF}$、$\overline{ACK}$ D．INTR、$\overline{ACK}$

【解析】当 8255A 工作于方式 1 输出时，联络信号 $\overline{OBF}$ 表示 CPU 已向 8255A 送数据，其缓冲区已满，可以向打印机输出；打印机从 8255A 取走数据后，用 $\overline{ACK}$ 信号向 8255A 表示数据已正确取走，可以输出下一个数据。

所以，本题答案应选 C。

【例 10.4】当 8255A 工作于方式 2 时，要占用几条联络信号线？

A．2 条   B．3 条   C．4 条   D．5 条

【解析】当 8255A 工作于方式 2 时，所需的联络信号线有以下几种：

• 输入控制信号 2 条：IBF、$\overline{STB}$。

• 输出控制信号 2 条：$\overline{OBF}$、$\overline{ACK}$。

• 中断控制信号 1 条：INTR。

共计 5 条。所以，本题答案应选 D。

10.3　思考与练习题解答

一、填空题

1. ①将数据的各位同时传送；②传输速率高；③近距离传输。

2. ①简单硬件连线接口；②可编程接口。

3. ①工作方式；②端口 C 按位置位/复位。

4. ①3；②基本输入/输出工作方式；③选通输入/输出工作方式；④双向选通输入/输出方式。

二、选择题

1. D   2. B   3. C   4. D

三、简答题

1. 【解答】CPU 从 8255A 的 PC 口读出数据，控制信号 $\overline{CS}$、A_1、A_0、$\overline{RD}$、$\overline{WR}$ 的状态如下：

$\overline{CS}$	A_1	A_0	$\overline{RD}$	$\overline{WR}$
0	0	1	0	1

2. 【解答】可编程并行接口芯片 8255A 有 3 种工作方式，各自的特点如下：

（1）方式 0：没有固定的用于应答式传送的联络信号线，CPU 可以采用无条件传送方式与 8255A 交换数据。

（2）方式 1：有专用的中断请求和联络信号线，因此，方式 1 通常用于查询传送或中断传送方式。

（3）方式 2：PA 口为双向选通输入/输出或叫双向应答式输入/输出。

3. 【解答】当 CPU 接到中断请求后，要检测 8255A 的 $\overline{OBFA}$ 和 IBFA 两个信号，若 $\overline{OBFA}$ 为低电平，则说明输出缓冲器空，应执行输出操作；若 IBFA 为高电平，则说明输入缓冲器，应执行输出操作。

四、设计题

1. 【解答】为实现题目要求的功能，该系统的连接如图 10-3 所示。

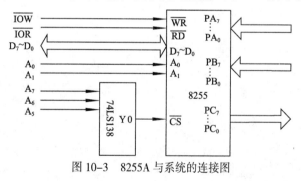

图 10-3   8255A 与系统的连接图

初始化程序如下：

```
MOV    AL,81H
MOV    DX,03FBH
OUT    DX,AL
```

2. 【解答】根据题目要求编程如下，其中 PORT 为控制寄存器地址。

（1）将 A 组和 B 组置成方式 0，A 口和 C 口作为输入口，B 口作为输出口。

```
MOV    AL,99H
MOV    DX,PORT
OUT    DX,AL
```

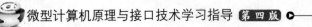

（2）A 组置成方式 2，B 组置成方式 1，B 口作为输出口。

```
MOV   AL,C4H
MOV   DX,PORT
OUT   DX,AL
```

（3）将 A 组置成方式 1 且 A 口作为输入，PC_6 和 PC_7 作为输出，B 组置成方式 1 且 B 口作为输入口。

```
MOV   AL,B6H
MOV   DX,PORT
OUT   DX,AL
```

第11章

可编程串行接口芯片 8251A ‹‹‹

学习目的：

- 串行通信的基本概念。
- 8251A 的编程结构。
- 8251A 的工作方式。
- 8251A 的应用。

11.1 本章重点知识

11.1.1 串行通信的基本概念

（1）串行通信是按二进制位逐位顺序地通过一条信号线进行传输的方式。根据传输通路的特点可将串行通信分为半双工通信和全双工通信。

（2）数据传输速率是指每秒钟传送的二进制位数，通常称为波特率（Baud Rate）。

（3）串行通信按通信约定的格式分为两种：异步通信方式和同步通信方式。

11.1.2 8251A 的结构与应用

1. 8251A 的结构

可编程串行通信接口芯片 8251A 内部分为数据总线缓冲器、接收器、发送器、调制解调控制电路及读/写控制电路 5 个主要部分，其结构如图 11-1 所示。

（1）数据总线缓冲器是 CPU 与 8251A 之间的数据接口，包含有 3 个 8 位缓冲寄存器，其中两个寄存器分别用来存放 CPU 从 8251A 读取的状态信息或数据，一个寄存器存放 CPU 向 8251A 写入的控制字或数据。数据总线缓冲器将 8251A 的 8 条数据线 $D_7 \sim D_0$ 和 CPU 的系统数据总线相连。

（2）发送器由发送缓冲器和发送控制电路两部分组成。CPU 需要发送的数据经数据总线缓冲器并行锁入发送缓冲器中。

与发送器相关的引脚有：

- TxD：数据发送端，输出串行数据送往外围设备。
- TxRDY：发送器准备好信号。
- TxEMPTY：发送移位寄存器空闲信号。
- $\overline{\text{TxC}}$：发送时钟信号，外部输入。

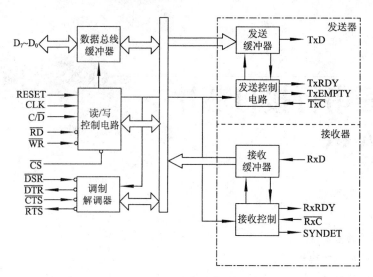

图 11-1　8251A 内部功能结构图

在同步方式下，$T_x C$ 的频率与数据传输的波特率相同；在异步方式下的频率可以是数据传输波特率的 1、16 或 64 倍。

（3）接收器由接收缓冲器和控制电路组成。从外部通过数据接收端 RxD 接收的串行数据逐位进入接收移位寄存器中。

与接收器有关的引脚如下：

- RxD：数据接收端，接收由外设输入的串行数据。
- RxRDY：接收器准备好信号。
- SYNDET：双功能检测信号，高电平有效/接收时钟信号，输入。
- $\overline{RxC}$ 时钟速率的规定与 $\overline{TxC}$ 相同。

（4）读写控制电路用来接收 CPU 送来的一系列控制信号，以实现对 8251 的读/写功能。

与读/写控制电路有关的引脚如下：

- RESET：芯片的复位信号。
- $\overline{CS}$：片选信号，低电平有效。
- $C/\overline{D}$：控制/数据端，此引脚上为高电平，则 CPU 从数据总线读入的是状态信息；此引脚为低电平，则 CPU 读入的是数据。

（5）调制解调控制电路是 8251A 将数据输出端的数字信号转换成模拟信号，或将数据接收端的模拟信号解调成数字信号的接口电路。

与调制解调器有关的引脚如下：

- $\overline{DTR}$：数据终端准备好信号，向调制解调器输出的低电平有效信号。
- $\overline{DSR}$：数据装置准备好信号，由调制解调器输出的低电平有效信号。
- $\overline{RTS}$：请求发送信号，向调制解调器输出的低电平有效信号。
- $\overline{CTS}$：准许发送信号，由调制解调器输出的低电平有效信号。

2．8251A 的编程控制

8251A 是可编程串行接口，在使用之前必须由程序对其工作状态进行初始化。初始化编程时向 8251A 发送的控制字分为两类：方式控制字和命令控制字。

（1）方式控制字：各位的含义及功能如图 11-2 所示。

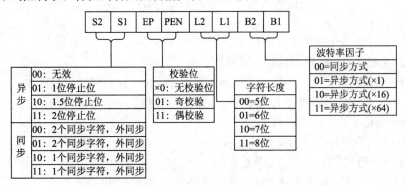

图 11-2　8251A 的方式控制字

（2）操作命令控制字：各位的含义及功能如图 11-3 所示。

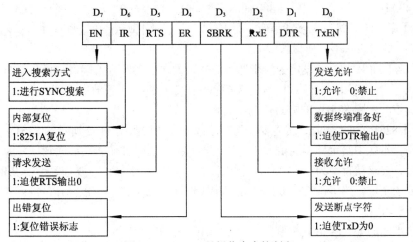

图 11-3　8251A 的操作命令控制字

3．8251A 的初始化和编程应用

8251A 芯片在工作前要首先对其初始化，以确定其工作方式。工作中 CPU 要向 8251A 发出一些命令，确定其动作过程，并要求了解其工作状态，以保证在数据传送过程中协调 CPU 与外设的传送过程。这样就需要有 3 种控制字，分别为工作方式控制字、操作命令控制字和状态控制字。

8251A 和 CPU 的通信方式主要采用查询方式和中断方式。

4．PC 串行异步通信接口

PC 为了能实现串行异步通信功能，要设置一个符合 RS-232C 接口标准的串行接口。通过 PC 的串行接口，可以连接串行传输数据的外围设备，如调制解调器、鼠标等。同样串口还可以连接两台计算机。

PC 的异步通信接口以 8250 芯片为核心，具有内部时钟产生电路，根据外部 1.8432 MHz 的时钟频率，经过 16 次分频，产生发送和接收时钟。其内部有 10 个寄存器，共占用 7 个端口地址。IBM PC 及其兼容机提供了一种有较强的硬件依赖性，但却有比较灵活的串行口 I/O 的方法，即通过 INT 14H 调用 ROM BIOS 串行通信口例行程序，或通过 DOS 功能调用编制串行通信程序。

11.2 典型例题解析

【例 11.1】什么是串行通信？串行通信分为哪两类？什么是异步通信？

【解析】本题要求明确相关概念，解释如下：

（1）串行通信是指在同一条信号线上的数据按一位接一位的顺序进行传输的方式。

（2）根据传输特点可将串行通信分为同步通信方式和异步通信方式。

（3）异步通信是指一帧信息以起始位和停止位来完成收发同步。

【例 11.2】解释波特率的含义及其表示方法。

【解析】在串行通信中，二进制数据序列串行传送的速率称为波特率，单位是波特。

1 Bd=1 bit/s。波特率的倒数称为位时间，即传送一位数据所需的时间。

【例 11.3】若用 8251A 进行同步串行通信，速率为 9 600 Bd，问在 8251A 时钟引脚 $\overline{TxC}$ 和 $\overline{RxC}$ 上的信号频率应取多少？

    A. 2 400 Hz   B. 4 800 Hz   C. 9 600 Hz   D. 19 200 Hz

【解析】用 8251A 进行同步通信时，要求在发送时钟引脚 $\overline{TxC}$ 和接收时钟引脚 $\overline{RxC}$ 上的信号频率相同，即 9 600 Hz。所以应选 C。

【例 11.4】如果 8251A 设定为异步通信方式，发送器时钟输入端口和接收器时钟输入端口都连到频率为 19.2 kHz 的输入信号，波特率为 1 200 Bd，字符数据长度为 7 位，1 位停止位，采用偶校验，则 8251A 的方式控制字为多少？

【解析】8251A 初始化时，首先要发送方式控制字。按照图 11-2 所示的 8251A 方式控制字各位含义，本题中给定异步通信方式，发送器和接收器时钟输入端都连到频率为 19.2 kHz 的输入信号，要求波特率为 1 200 Bd，所以波特率系数应为 16，即波特率因子 $B_2B_1=10$；字符数据长度为 7 位，故字符长度 $L_2L_1=10$；采用偶校验，故校验位 EP、PEN=11；要求 1 位停止位，故 $S_2S_1=01$。

因此，本题的 8251A 方式控制字为 01111010B=7AH。

【例 11.5】试对 8251A 芯片进行初始化编程，要求工作在同步方式，2 个同步字符，7 位数据位，奇校验，1 个停止位。

【解析】本题中 8251A 方式控制字是 00011000B=18H

程序段设计如下：

```
XOR   AX,AX
MOV   DX,PORT
OUT   DX,AL
OUT   DX,AL
OUT   DX,AL              ;向 8251 的控制口送 3 个 00H
MOV   AL,40H
OUT   DX,AL              ;向 8251 的控制口送 40H,复位
MOV   AL,18H
OUT   DX,AL              ;向 8251 送方式字
MOV   AL,SYNC            ;SYNC 为同步字符
OUT   DX,AL
OUT   DX,AL              ;输出 2 个同步字符
MOV   AL,10111111B
OUT   DX,AL              ;向 8251 送控制字
```

11.3 思考与练习题解答

一、选择题

1. D   2. A   3. A   4. A

二、填空题

1. ①两个功能模块只通过一条或两条数据线进行数据交换；②速度慢；③距离较远。
2. ①单位时间内传输的二进制位数；②通信速度。
3. ①同步通信；②异步通信；③以字符为单位；④以帧为单位 。
4. ①可编程串行接口；②初始化；③通信方式、校验方式、数据位数、波特率参数等。
5. ① 数据终端设备和数据通信设备；②串行。
6. 10。

三、简答题

1. 【解答】串行通信有单工、半双工、全双工 3 种数据传送模式。

（1）单工数据传输只支持数据在一个方向上传输。

（2）半双工数据传输允许数据在两个方向上传输，但是，在某一时刻，只允许数据在一个方向上传输，它实际上是一种切换方向的单工通信。

（3）全双工数据通信允许数据同时在两个方向上传输，因此，全双工通信是两个单工通信方式的结合，它要求发送设备和接收设备都有独立的接收和发送能力。

2. 【解答】（1）8251A 的工作方式控制字如下所示：

S_2	S_1	EP	PEN	L_2	L_1	B_2	B_1

各位控制字的含义及功能如下：

① B_2、B_1：波特率系数控制位。

00：同步方式；01：异步方式，波特率系数 1；10：异步方式，波特率系数 16；11：异步方式，波特率系数 64。

② L_2、L_1：字符位数控制位。

00：5 位；01：6 位；10：7 位；11：8 位

③ PEN：校验允许位。

0：禁止奇/偶校验；1：允许奇/偶校验。

④ EP：奇/偶校验选择位。

0：奇校验；1：偶校验。

⑤ S_2、S_1：停止位位数或同步字符个数控制位。同步方式和异步方式中具有不同的含义。

同步方式下，S_2、S_1 为同步字符个数控制选择位。

S_1：外同步检测；1：SYNDET 为输入；0：SYNDET 为输出。

S_2：同步字符个数选择位；0：双同步字符；1：单同步字符。

异步方式下，S_2、S_1 为异步字符个数控制选择位。

S_1、S_2：停止位位数控制。

00：无效；01：1 位停止位；10：1.5 位停止位；11：2 位停止位。

（2）8251A 的操作命令控制字如下所示：

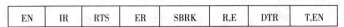

EN	IR	RTS	ER	SBRK	RₓE	DTR	TₓEN

各位控制字的含义及功能如下：

① EN=0：不允许进入搜索方式；EN=1：允许进入搜索方式。

② IR=0：不复位；IR=1：内部复位。

③ RTS=0：不发送；RTS=1：请求发送。

④ ER=0：不清除错误标志；ER=1：清除错误标志。

⑤ SBRK=0：正常工作；SBRK=1：发送终止字符。

⑥ RxE=0：禁止接收；RxE=1：允许接收。

⑦ DTR=0：数据终端未准备好；DTR=1：数据终端准备好。

⑧ TxEN=0：禁止发送；TxEN=1：允许发送。

（3）8251A 的状态控制字如下所示：

DSR	SYNDET	FE	OE	PE	TₓE	RₓRDY	TₓRDY

各位控制字的含义及功能如下：

① DSR：数据装置准备好标志，DSR 输入为 0 电平时，标志位 DSR=1。

② SYNDET：同步检测信号。

③ PE：帧错误。

④ OE：溢出错误。

⑤ PE：奇偶校验错。

⑥ TxE：发送器空。

⑦ RxRDY：接收准备好。

⑧ TxRDY：发送准备好。

（4）8251A 工作方式控制字、操作命令控制字和状态控制字之间的关系：

工作方式控制字约定通信双方的方式（同步/异步）、数据格式（数据位和停止位长度，校验特征，同步字符特性）、传送速率（波特率因子）等参数，但没有规定数据传送方向是发送还是接收，需操作命令控制字来控制发送/接收。何时发送/接收取决于 8251A 的工作状态，即状态控制字。只有当 8251A 进入发送/接收准备好状态，才能真正开始数据的传送。

（5）控制口写入控制字的顺序：复位→工作方式控制字→操作命令控制字。

3. 【解答】发送时钟 $\overline{\text{TxC}}$ 的频率应为发送波特率×波特率因子，因为发送波特率为 9 600 波特，波特率因子为 16，所以本题的发送时钟频率为 153 600 波特。

4. 【解答】8251A 的 SYNDET/BD 引脚是双功能检测信号，高电平有效。其功能如下：

（1）对于同步方式，SYNDET 是同步检测信号。该信号可工作在输入状态也可工作在输出状态。同步工作时，该信号为输出信号。当 SYNDET=1，表示 8251A 已监测到所要求的同步字符。若为双同步，此信号在传送第二个同步字符的最后一位中间变高，表明已达到同步。外同步工作时，该信号为输入信号。当从 SYNDET 端输入一个高电平信号，接收控制电路会立即脱离对同步字符的搜索过程，开始接收数据。

（2）对于异步方式，BD 为间断检出信号，用来表示 RxD 端处于工作状态还是接收到断缺字符。BD=1 表示接收到对方发来的间断码。

5. 【解答】异步通信是指通信中两个字符之间的时间间隔不固定，而在一个字符内各位时间间隔是固定的。异步通信规定字符由起始位、数据位、奇偶校验位和停止位等组成。起始位表示一个字符的开始，接收方可用起始位使接收时钟与数据同步；停止位表示一个字符的结束，在传送一个字符时，由一位低电平起始位开始，接着传送数据位，数据位的位数为5～8 位，按低位在前高位在后的顺序传送；奇偶校验位用于检验数据传送的正确性；最后传送的是高电平停止位，可以是 1 位、1.5 位或 2 位，两个字符间空闲位由高电平"1"填充。

串行异步通信总线 RS–232C 是美国电子工业协会（EIA）制定串行物理接口标准。RS 是英文"推荐标准"缩写，232 是该标准的标识号，C 表示修改次数。RS–232C 总线标准设有25 条信号线，包括一个主通道和一个辅助通道。

RS–232C 主要用来定义计算机系统的一些数据终端设备，由于通信设备厂商都生产与RS–232C 制式兼容的通信设备，因此，它作为一种标准目前已在微机通信接口中广泛采用，如用于计算机接口与终端或外设之间的近端连接。

6.【解答】IBM PC 的兼容机有比较灵活的串行口 I/O 方法，即通过 INT 14H 调用 ROM BIOS串行通信口例行程序。

串行异步通信接口功能调用的具体应用如下：

（1）初始化串行通信口（AH=0）。

（2）向串行通信口写字符（AH=1）。

（3）从串行通信口读字符（AH=2）。

（4）取串行通信口状态（AH=3）。

四、设计题

1. 【解答】按本题要求，可编制初始化程序如下：

```
MOV     DX,03FBH
MOV     AL,11111011B        ;写工作方式控制字
OUT     DX,AL
MOV     AL,00010101B        ;写操作命令控制字
OUT     DX,AL
```

2. 【解答】输入/输出操作程序如下，该程序应跟在初始化程序的后面。

```
RECV:   MOV SI, OFFSET  buffer
        MOV DX, 03FBH
WAIT:   IN      AL,DX           ;读状态寄存器
        TESTAL, 38H             ;检查是否有任何错误产生
        JNZ     ERROR           ;有,转出错处理
        TESTAL,01H              ;否则检查数据是否准备好
        JZ      WAIT            ;未准备好,继续等待检测
        MOV     CX,100          ;字符个数
        MOV     DX,03F8H
        IN      AL,DX           ;否则接收一个字节
        AND     AL,7FH          ;保留低 7 位
        MOV     [SI],AL         ;送数据缓冲区
        INC     SI
        MOV     DX,03FBH
        DEC     CX
JNZ     WAIT
```

第12章

可编程定时器/计数器
接口芯片 8253 《《《

学习目的：

- 定时器/计数器的基本概念。
- 8253 的编程结构。
- 8253 的工作方式。
- 8253 的应用。

12.1 本章重点知识

12.1.1 定时器/计数器的基本概念

1. 微机系统中的定时

微机系统中的定时可分为内部定时和外部定时两类。

（1）内部定时是计算机本身运行的时间基准或时序关系。计算机内部定时已由 CPU 硬件结构决定，是固定的时序关系，无法更改。

（2）外部定时是外围设备实现某功能时本身所需要的一种时序关系。由于外设和被控对象的任务不同，功能各异，无一定模式，往往需要用户根据 I/O 设备的要求进行安排。

2. 可编程定时器/计数器的工作原理

定时/计数器在计数方法上分为加法计数器和减法计数器。

（1）加法计数器每有一个脉冲就加 1，当加到预先设定的计数值时产生一个定时信号。

（2）减法计数器是在送入计数初值后，每来一个脉冲计数器减 1，减到 0 时产生一个定时信号输出。如果用作定时器，在计数到满值或至 0 后，重置初始值自动开始新的计数过程，从而获得连续的脉冲输出。

12.1.2 可编程定时器/计数器芯片 8253

1. 8253 的内部结构

8253 内部包含 3 个 16 位计数器，每个计数器可按二进制或十进制计数，有 6 种工作方式，可通过编程选择，其内部结构如图 12-1 所示。

基本部件主要包括：

（1）数据总线缓冲器：8 位、双向、三态的缓冲器。

（2）读/写逻辑电路：从系统总线接收输入信号，经过译码产生对 8253 各部分的控制。

（3）控制字寄存器：接收来自 CPU 的方式控制字，控制相应计数器的工作方式，在 8253 的初始化过程中完成。

（4）计数通道：8253 有 3 个相互独立的同样的计数电路，分别称作计数器 0、计数器 1 和计数器 2。每个计数器包含 1 个 8 位的控制寄存器。

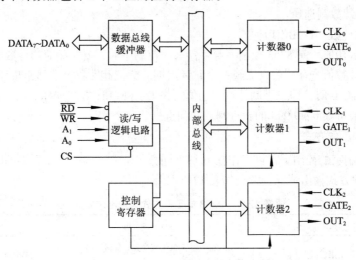

图 12-1 8253 内部结构

2．8253 的主要引脚功能

（1）$D_7 \sim D_0$：8 位双向数据线，用来传送数据、控制字和计数器的计数初值。

（2）$\overline{CS}$：片选信号，输入，低电平有效。

（3）$\overline{RD}$：读有效信号，输入，低电平有效。

（4）$\overline{WR}$：写有效信号。

（5）A_1、A_0：地址信号线。

（6）$CLK_0 \sim CLK_2$：每个计数器的时钟信号输入端。

（7）$GATE_0 \sim GATE_2$：门控信号，用于控制计数器的启动和停止。

（8）$OUT_0 \sim OUT_1$：计数器输出信号，当计数结束时，会在 OUT 端产生输出信号，不同的方式，会有不同的波形输出。

3．8253 的初始化编程

（1）写控制字：8253 工作之前必须进行初始化编程，以确定每个计数器的工作方式和对计数器赋初值。CPU 通过写控制字指令，将每个计数通道分别初始化，使之工作在规定的工作方式之下。

8253 的控制字格式如下：

D_7	D_6	D_5	D_4	D_3	D_2	D_1	D_0
SC_1	SC_0	RL_1	RL_0	M_2	M_1	M_0	BCD

各位含义如下：

① SC_1、SC_0：计数器选择。

00：计数器 0；01：计数器 1；10：计数器 2；11：非法。

② RL_1、RL_0：计数长度选择。

00：将计数器中数据锁存于缓冲器；01：只读/写计数器低 8 位；10：只读/写计数器高 8 位；11：先读/写计数器低 8 位再读写高 8 位。

③ M_2、M_1、M_0：工作方式选择。

000：方式 0；001：方式 1；x10：方式 2；x11：方式 3；100：方式 4；101：方式 5。

④ BCD：计数制选择。

0：二进制计数；1：BCD 计数。

（2）写计数初值：向 8253 控制字寄存器写入控制字后，要对相应的计数器输入计数值。在计数值送到计数值寄存器后，需经一个时钟周期才能把此计数值送到递减计数器。

当控制字 $D_0=0$ 时，即二进制计数，初值可在 0 ~ FFFFH 之间选择；当 $D_0=1$ 时，则为十进制计数，其值可在 0 ~ 9 999 的十进制数之间选择。

4．8253 的工作方式

8253 在控制字的控制下，可工作在 6 种不同方式下。不同的工作方式 OUT 端会有不同输出波形，6 种方式输出情况及特点如表 12-1 所示。

表 12-1　8253 的工作方式与输出波形

工作方式	功　能	输　出　波　形	触发性质
方式 0	计数结束，产生中断	写入初值后，OUT 端变低，经过 $N+1$ 个 CLK 后，OUT 变高	软件触发单次负脉冲
方式 1	可触发的单稳态触发器	输出宽度为 N 个时钟周期的负脉冲	硬件触发单次负脉冲
方式 2	分频器	输出宽度为 1 个时钟周期的负脉冲	自动触发连续的脉冲波
方式 3	方波发生器	N 为偶数，占空比为 1/2，N 为奇数，输出 $(N+1)/2$ 个正脉冲，$(N-1)/2$ 个负脉冲	自动触发连续的方波
方式 4	软件触发的选通方式	写入初值后，经过 N 个时钟周期，OUT 端变低 1 个时钟周期	软件触发单次单拍负脉冲
方式 5	硬件触发的选通方式	门控触发后，经过 N 个时钟周期，OUT 端变低 1 个时钟周期	硬件触发单次单拍负脉冲

12.2　典型例题解析

【例 12.1】若可编程定时器/计数器 8253 工作在方式 0，在初始化编程时，一旦写入控制字后，会有以下哪些操作？

A．输出信号端 OUT 变为高电平　　　B．输出信号端 OUT 变为低电平

C．输出信号端保持原来电位　　　　　D．立即开始计数

【解析】8253 定时器/计数器共有 6 种工作方式，每种方式的触发方式和输出端变化特点都不相同。在方式 0 下，由软件触发计数，即写入初值后就开始计数，同时 OUT 变低，当计数结束时，OUT 端变为高电平。

所以，本题答案应选择 B 和 D。

【例 12.2】设 8253 芯片中某一计数器的口地址为 40H，控制口地址为 43H，计数频率为 2 MHz，当计数器为 0 时，产生中断信号。试计算下列程序所决定的中断周期是多少毫秒。

```
MOV  AL,00110110B    ;二进制计数方式,16 位读写
OUT  43H,AL
```

```
MOV  AL,0FFH
OUT  40H,AL
OUT  40H,AL
```

【解析】该程序分 2 次向计数器口写入的初始值为 0FFFFH，即 65 535，然后计数器时钟每来一次计数器值减 1，当计数器值到 0 时产生中断。由于计数器时钟频率为 2 MHz，其周期是 0.5 μs，因此，中断周期为 65 535×0.5×10⁻⁶s=32.767 ms。

所以，本题的答案是 32.767 ms。

【例 12.3】某一测控系统要使用一个连续的方波信号，如果使用 8253 可编程定时/计数器来实现此功能，则 8253 应工作在以下哪种方式？

A．方式 0   B．方式 1   C．方式 2

D．方式 3   E．方式 4   F．方式 5

【解析】8253 定时器/计数器可采用 6 种工作方式进行处理，其中只有方式 2 和方式 3 能输出连续波形。

由于要求输出连续的方波信号，所以应选择答案 D，工作在方式 3。

【例 12.4】设 8253 三个计数器的端口地址分别为 201H、202H、203H，控制寄存器端口地址为 200H。试编写程序段，读出计数器 2 的内容，并把读出的数据装入寄存器 AX。

【解析】本题程序段设计如下：

```
MOV  AL,80H
OUT  200H,AL
IN   AL,203H
MOV  BL,AL
IN   AL,203H
MOV  BH,AL
MOV  AX,BX
```

12.3　思考与练习题解答

一、选择题

1．C   2．A   3．D   4．D

二、填空题

1．①定时器/计数器；②16 位计数器；③6；④二进制/十进制。

2．①工作方式和计数初值设置；②减 1 计数。

3．硬件触发的选通信号发生器。

4．①3；②6；③计数器方式；④可重复触发的单稳态触发器；⑤分频器。

5．①2500；②1 。

三、简答题

1．【解答】（1）8253 的 6 种工作方式及其特点表述如下：

方式 0：计数结束，产生中断。

方式 1：可重复触发的单稳态触发器。

方式 2：分频器。

方式 3：方波发生器。

方式 4：软件触发的选通信号发生器。

方式 5：硬件触发的选通信号发生器。

（2）时钟信号 CLK 的作用是在 8253 进行定时或计数工作时，每输入 1 个时钟脉冲信号 CLK，便使计数值减 1。

（3）GATE 信号的控制作用如表 12-2 所示。

表 12-2　GATE 信号的控制作用

工作方式	GATE 引脚输入状态所起的作用				OUT 引脚输出状态
	低电平	下降沿	上　升　沿	高电平	
方式 0	禁止计数	暂停计数	置入初值后由 $\overline{\text{WR}}$ 上升沿开始计数，由 GATE 的上升沿继续计数	允许计数	计数过程中输出低电平。计数至 0 输出高电平
方式 1	不影响计数	不影响计数	置入初值后，由 GATE 的上升沿开始计数，或重新开始计数。	不影响计数	输出宽度为 n 个 CLK 的低电平（单次）
方式 2	禁止计数	停止计数	置入初值后，由 $\overline{\text{WR}}$ 上升沿开始计数，由 GATE 的上升沿重新开始计数	允许计数	输出宽度为 n 个 CLK 宽度为 1 个 CLK 的负脉冲
方式 3	禁止计数	停止计数	置入初值后，由 $\overline{\text{WR}}$ 上升沿开始计数，由 GATE 的上升沿重新开始计数	允许计数	输出宽度为 n 个 CLK 的方波（重复波形）
方式 4	禁止计数	停止计数	置入初值后，由 $\overline{\text{WR}}$ 上升沿开始计数，由 GATE 的上升沿重新开始计数	允许计数	计数至 0，输出宽度为 1 个 CLK 的负脉冲（单次）
方式 5	不影响计数	不影响计数	置入初值后，由 GATE 的上升沿开始计数，或重新开始计数。	不影响计数	计数至 0，输出宽度为 1 个 CLK 的负脉冲（单次）

2.【解答】（1）8253 的最高工作频率是 2.6 MHz。

（2）8254 与 8253 的主要区别：IBM PC/XT 使用 8253 芯片，PC/AT 使用 8254 芯片，两者的外形引脚和功能都兼容，只是工作的最高频率有所差异，8254 的最高工作频率可达到 10 MHz。

3.【解答】对 8253 初始化编程主要包括两部分：写入各计数器工作方式控制字和写计数器的计数初始值。

8253 在工作之前必须对它进行编程，以确定每个计数器的工作方式和对计数器赋计数初值。CPU 通过写控制字指令，将每个计数通道分别初始化，使之工作在某种工作方式之下。然后，对相应的计数器输入计数值，在计数值送到计数寄存器后，需经一个时钟周期才能把此计数值送到递减计数器。

四、设计题

1.【解答】由题目可知计数器 1 工作在方式 0 下，程序设计如下：

```
;计数器 0 初始化
MOV  AL,34H
MOV  DX,04B6H
OUT  DX,AL
;计数器 0 赋初值
MOV  AX,5000
MOV  DX,04B0H
```

```
OUT   DX,AL
MOV   AL,AH
OUT   DX,AL
;计数器1初始化
MOV   AL,72H
MOV   DX,04B6H
OUT   DX,AL
;计数器1赋初值
MOV   AX,1000
MOV   DX,04B2H
OUT   DX,AL
MOV   AL,AH
OUT   DX,AL
```

系统硬件连接如图 12-2 所示。

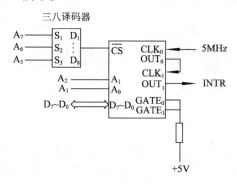

图 12-2   硬件连接图

2. 【解答】本题的程序设计如下，程序中的 PORT0、PORT1、PORTC 分别为 0 号、1 号和控制口的地址。

```
;0号计数器初始化
MOV   AL,16H
MOV   DX,PORTC
OUT   DX,AL
;0号计数器赋初值
MOV   AL,1200
MOV   DX,PORT0
OUT   DX,AL
;1号计数器初始化
MOV   AL,54H
MOV   DX,PORTC
OUT   DX,AL
;1号计数器赋初值
MOV   AL,100
MOV   DX,PORT1
OUT   DX,AL
```

第13章

人机交互设备及接口 《《

学习目的：

- 键盘与鼠标的工作原理与特点。
- 显示器与显示原理。
- 打印机工作原理与基本应用。
- 其他外设简介。

13.1 本章重点知识

13.1.1 键盘及接口

1. 键盘概述

（1）键盘的分类：键盘是微型计算机最常用的输入设备之一，键盘由若干按键组成，按键有触点的机械式或无触点的电容式、导电橡胶式、薄膜式等多种。目前，计算机中使用的键盘分为编码键盘和非编码键盘。

编码键盘带有必要的硬件电路，能自动提供按键的 ASCII 编码，并能将数据保持到新键控下为止，还有去抖动和防止多键、串键等保护装置。

非编码键盘仅仅是按行、列排列起来的矩阵开关，其他的工作如识别按键、提供代码、去抖动等均由软件来解决。

（2）键盘的工作原理：常用的非编码键盘有线性键盘和矩阵键盘。线性键盘是指其中每一个按键均有一条输入线送到计算机的接口，若有 N 个键，则需 N 条输入线；矩阵键盘是指按键按行（M 行）和列（N 列）排列，这种方式可排列 $M \times N$ 个按键，但送往计算机的输入线仅为 $M+N$ 条。

常用的按键识别方法有：行扫描法、行反转法和行列扫描法。

2. PC 键盘接口

（1）IBM PC 键盘特点。

IBM PC 系列键盘具有两个基本特点：第一是按键均为无触点的电容开关，第二是 PC 系列键盘属于非编码键盘。

PC 键盘是由单片机扫描程序识别按键的当前位置，然后向键盘接口输出该键的扫描码。按键的识别、键值的确定以及键代码存入缓冲区等工作全部由软件完成。

PC 键盘主要由字符数字键、扩展功能键、组合使用的控制键等基本类型的键组成。

（2）微型计算机与键盘的接口：目前，PC 上常用键盘接口有 3 种，一种是老式的直径 13 mm 的 PC 键盘接口；第 2 种是常用的直径 8 mm 的 PS/2 键盘接口；第 3 种是 USB 接口的键盘。

计算机系统与键盘发生联系通过硬件中断09H或软件中断16H实现。硬件中断09H是由按键动作引发的中断，可完成两种转换：一是将按键扫描码转换为 ASCII 码，生成两个字节，低字节为 ASCII 码，高字节是系统扫描码；二是将按键的扫描码转换为扩展码。

3．键盘中断调用

可采用 BIOS 中断或 DOS 功能调用进行键盘输入。

（1）BIOS 中断调用：类型 16H 的中断提供了基本的键盘操作，其中断处理程序包括了 3 个不同的功能，分别根据 AH 寄存器中的子功能号来确定。

- AH=0，从键盘读入一个字符。
- AH=1，读键盘缓冲区的字符。
- AH=2，读键盘状态字节。

（2）DOS 功能调用：通过 INT 21H 号中断调用实现，和键盘有关的功能调用主要有以下几种。

- AH=1，键盘输入并回显。
- AH=7，直接控制台输入无回显。
- AH=8，键盘输入无回显。
- AH=0AH，字符串输入到缓冲区。

13.1.2 鼠标及接口

1．工作原理

鼠标是一种输入设备，当用户移动鼠标时，借助于机械或光学的方法，把鼠标运动的距离和方向分别变换成 2 个脉冲信号输入到计算机，计算机中运行的鼠标驱动程序将脉冲信号再转换成为鼠标在水平方向和垂直方向的位移量，从而控制屏幕上鼠标箭头的运动。

2．鼠标的分类

目前常用的鼠标按其结构可分为机械式、光电式和光机式 3 种。

3．鼠标接口

鼠标主要通过串口、USB 口和 PS/2 口与计算机相连。

（1）串口鼠标采用 RS-232C 标准接口进行通信，在串行通信鼠标控制板上配置有微处理器，其作用是判断鼠标是否启动工作，工作时组织输出 X、Y 方向串行位移数据。

（2）USB 设备具有即插即用，支持热插拔等优点，很多设备都采用了 USB 接口，鼠标也不例外。

（3）PS/2 鼠标是最早用在 IBM PS/2 系列上的鼠标，它使用专用的鼠标插座（6 芯 DIN 型头），安装灵活方便，不占串口。

4．鼠标编程

Microsoft 为鼠标提供了一个软件中断指令 INT 33H，只要加载了支持该标准的鼠标驱动程序，在应用程序中就可直接调用鼠标进行操作。

INT 33H 有多种功能，可通过在 AX 寄存器中设置功能号来选择。

13.1.3 视频显示接口

1. 显示器分类

根据显示原理的不同，目前常见的显示器有 6 种类型：

（1）阴极射线显示器（CRT）。

（2）发光二极管显示器（LED）。

（3）液晶显示器（LCD）。

（4）等离子体显示器（PDP）。

（5）电致发光显示器（EL）。

（6）真空荧光显示器（VFD）。

2. CRT 显示器性能指标

（1）尺寸：指显示器屏幕的对角线的长度。目前市场上主要有 14 in、15 in、17 in 等。显示器的水平方向与垂直方向之比一般为 4:3。

（2）分辨率：每帧画面的像素数决定了显示器画面的清晰度。分辨率（Resolution）是指整个屏幕每行每列的像素数，如 1024×768 像素，它与具体的显示模式有关。

（3）点距：指显示器屏幕上像素之间的最小距离，点距越小，画面越清晰。目前显像管的点距为 0.22 mm、0.24 mm、0.28 mm、0.33 mm。

（4）垂直扫描频率：又称场频或刷新频率，是指显示器在某一显示方式下，所能完成的每秒从上到下刷新的次数，单位为 Hz。

（5）水平扫描频率：又称行频，指电子束每秒在屏幕上水平扫描的次数，单位为 kHz。行频的范围越宽，可支持的分辨率就越高。

（6）扫描方式：水平扫描有隔行扫描和非隔行扫描（逐行扫描）两种方法。采用哪一种方法对显示器的性能影响很大，现在一般显示器都采用逐行扫描法。

（7）带宽：显示器所能接收信号的频率范围，即最高频率和最低频率之差。它是评价显示器性能的很重要的参数之一。

3. 显示适配器标准

显示适配器标准主要有以下 7 种：

（1）MDA：单色显示适配器。

（2）CGA：彩色图形适配器。

（3）EGA：增强型彩色图形适配器。

（4）VGA：视频图形阵列适配器。

（5）TVGA：超级视频图形阵列适配器。

（6）SVGA：美国视频电子标准协会提供出的视频标准，支持分辨率 1 280×1 024 像素。

（7）AVGA：加速 VGA，在显示卡中增加硬件，以支持 Windows 加速，这是当前大多数 PC 采用的显示适配器标准。

4. 视频显示原理

（1）字符显示：在屏幕上显示字符，通常采用的方法是把显示屏幕划分为许多小方格，每个小方格称为字符窗口，要显示的字符就位于字符窗口中。所要显示的字符代码以 ASCII 码形式存放在视频显示缓冲区 VRAM 中，每个字符占用一个单元。

（2）图形显示：该方式下，显示缓存中每一个存储位对应 CRT 屏幕上一个像素点，且规定存储"1"表示该像素点亮，存储"0"表示像素暗。也可用显示缓存中的多个二进制位对应一个屏幕像素，多位组合所表示的状态可用来控制该像素点的亮度和颜色。

5. LED 显示与 LCD 显示

（1）LED 显示：发光二极管 LED 作为一种重要的显示手段，可显示系统的状态、数字和字符。由于 LED 显示器的驱动电路简单，易于实现并且价格低廉，因此在很多应用场合下，它是最常用、最简便的显示器。

LED 是由半导体 PN 构成的固态发光器件，在正向导电时能发出可见光，常用的 LED 有红色、绿色和黄色几种，现已出现蓝色 LED。LED 发光颜色与发光效率取决于制造材料与工艺，发光强度与其工作电流有关。其发光时间常数约为 $10 \sim 200\ \mu s$，工作寿命长达十万小时以上，工作可靠性高。

LED 具有类似于普通半导体二极管的伏安特性。在正向导电时其端电压近于恒定，通常约为 $1.6 \sim 2.4\ V$，其工作电流一般约为 $10 \sim 200\ mA$。它适合于与低电压的数字集成电路器件匹配工作。

LED 显示器有静态和动态两种显示方式。

（2）LCD 显示：LCD（液晶显示器）特别是点阵式液晶已成为现代仪器仪表用户界面的主要发展方向。其特点是体积小、外形薄、重量轻、功耗小、低发热、工作电压低、无污染、无辐射、无静电感应，尤其是视阈宽、显示信息量大、无闪烁，并能直接与 CMOS 集成电路相匹配，是真正的"平板式"显示设备。

液晶是一种介于液体与固体之间的热力学的中间稳定物质形态，在一定的温度范围内既有液体的流动性和连续性，又有晶体的各向异性，其分子呈长棒形，长宽之比较大，分子不能弯曲，是一个刚性体，中心一般有一个桥链，分子两头有极性。

LCD 可分为无源阵列单色 LCD、无源阵列彩色 LCD、有源阵列单色 LCD、有源阵列彩色 LCD 等 4 种。

13.1.4　打印机接口

1. 打印机的分类

打印机是 PC 的一种主要的输出设备，它能将计算机输出的程序、数据、字符、图形打印在纸上。

打印机的分类方法很多，按打印机印字技术分类，可分为击打式和非击打式两类。

按工作原理可以分为针式打印机、激光打印机、喷墨打印机、喷蜡打印机和热转式打印机等。

2. 打印机的性能指标

（1）分辨率：一般用每英寸的点数（dpi）表示，它决定了打印机的打印质量。要达到好的印刷质量，分辨率应在 400 dpi 以上。一般针式打印机的分辨率为 180 dpi，激光打印机可达 600 dpi 以上。

（2）打印速度：一般用 CPS（Characters Percent Second）表示，即每秒钟打印字数。页式打印机一般用 PPM（Page Percent Minute）表示，即每分钟打印页数。打印速度在不同的字体和文字下有较大差别，另外，不同的打印方式对打印速度影响较大。

（3）行宽：指每行中打印的标准字符数，可分为窄行和宽行。窄行每行打印标准字符 80 个，宽行每行可打印 120 或 180 个标准字符。

3．打印机中断调用

PC 系列机的 ROM BIOS 中有一组打印机 I/O 功能程序，显示器中断调用号为 17H，共有 3 个功能，用户可利用中断调用很方便地编写有关显示器的接口程序。

13.1.5　其他外设简介

1．扫描仪原理及应用

（1）扫描仪是一种光、机、电一体化的计算机外设产品，它是将各种形式的图像信息输入到计算机中的一个重要工具。

（2）扫描仪的性能指标主要有分辨率、灰度级和色彩数，另外还有扫描速度、扫描幅面等。

（3）扫描仪与主机的接口主要有并行接口、SCSI 接口和 USB 接口。采用 SCSI 的接口的扫描仪带有一块插卡，卡上有 SCSI 插头连接扫描仪电缆。目前大多数情况下扫描仪都是通过 USB 接口与主机相连。

2．数码照相机原理与应用

（1）数码照相机也叫数字照相机，是一种介于传统照相机和扫描仪之间的产品。

（2）数码照相机的主要技术指标有分辨率、存储媒体、感光度等。

3．触摸屏原理与应用

（1）触摸屏是通过触摸屏幕来进行人–机交互的一种输入装置。

（2）触摸屏可分为红外线式、电磁感应式、电阻式、电容式及声控式等种类。它们作为一种定位装置，将触摸点的坐标输入给计算机。

（3）触摸屏由触摸检测装置，接口控制逻辑及控制软件等部分组成。接口控制器有的放在 CRT 内部，有的在 CRT 外部或插在主机箱内，通过 RS–232 串口与主机通信。

13.2　典型例题解析

【例 13.1】 PC 的键盘向主机发送的代码是以下哪一项？

　A．扫描码　　　　　B．ASCII 码　　　　C．BCD 码　　　　　　D．扩展 BCD 码

【解析】 PC 键盘向主机发送的是扫描码，在 BIOS 中的键盘驱动程序将扫描码转换为 ASCII 码。

所以，本题答案应选 A。

【例 13.2】 设一台 PC 的显示器分辨率为 1 024 × 768 像素，可显示 65 536 种颜色，问显示卡上的显示存储器的容量是多少？

　A．0.5 MB　　　　　B．1 MB　　　　　C．1.5 MB　　　　D．2 MB

【解析】 65 536 种颜色对应的颜色寄存器位数是 16 位（2^{16}=65 536），因此显示存储器的容量应为（1 024×768×16）/8=1 536 KB=1.5 MB。

所以，本题答案应选 C。

【例 13.3】 一台显示器工作在字符方式，每屏可以显示 80 列×25 行字符，至少需要的显

示存储器 VRAM 的容量为多少？

A. 16 KB   B. 2 KB   C. 4 KB   D. 8 KB

【解析】当显示器工作在字符方式下，显示缓存的最小容量与每一屏显示的字符数有关。字符方式下每一个显示字符对应的 ASCII 码（1 个字节）存储在 VRAM 中。因此 80 列×25 行字符对应的字节数为 80×25=2 000 B=2 KB。

所以，本题答案应选 B。

【例 13.4】如果一台微机的显示存储器 VRAM 的容量为 256 KB，它能存放 80 列×25 行字符屏数为以下哪一项？

A. 32   B. 64   C. 128   D. 256

【解析】不管在什么显示方式下，显示缓存的容量可以超过最小容量，这种情况下可同时存放多屏显示信息。80 列×25 行字符对应的字节数为 80×25=2 000 B=2 KB，因此 256 KB 的容量可以存放 256 KB/2 KB=128 屏。

所以，本题答案应选 C。

【例 13.5】下面哪一项属于击打式打印机？哪一项是按页输出打印机？

A. 激光打印机   B. 喷墨打印机   C. 点阵式打印机   D. 静电复印机

【解析】按打印机印字技术分类，可分为击打式和非击打式两类。击打式打印机中的典型应是针式打印机，现广泛应用于票据打印；激光打印机属于非击打式，打印数据输出以页为单位。

所以，本题第一个答案为 C，第二个答案为 A。

13.3 思考与练习题解答

一、选择题

1. A   2. C   3. C   4. B   5. D   6. B

二、填空题

1. ①输入/输出设备；②命令和数据；③键盘、鼠标、打印机。

2. ①非编码；②按键的扫描码；③键盘处理程序。

3. ①显示器和显示卡；②视频控制器、视频 BIOS 和视频显示存储器。

4. 192。

5. dpi。

三、简答题

1. 【解答】非编码键盘一般需要解决的问题有以下 4 个：

（1）识别键盘矩阵中被按键。

（2）清除按键时产生的抖动干扰。

（3）防止键盘操作的串键错误。

（4）产生被按下键相应的编码。

常用的按键识别方法有以下 2 种：

（1）行扫描法：该方法由程序对键盘进行逐行扫描，通过检测到的列输出状态来确定闭合键。为此，需要设置输入口、输出口各一个，该方法在微机系统中被广泛使用。

（2）行反转法：该方法通过行列颠倒两次扫描来识别闭合键。为此，需要提供两个可编程的双向输入/输出端口。

2. 【解答】计算机系统与键盘发生联系通过硬件中断 09H 或软件中断 16H。

特点：硬件中断 09H 是由按键动作引发的中断。在此中断中对所有键盘进行了扫描码定义。软件中断 16H 是 BIOS 中断调用的一个功能。

3. 【解答】CRT 显示器的显像原理主要是由灯丝加热阴极，阴极发射电子，然后在加速极电场的作用下，经聚焦积聚成很细的电子束，在阳极高压作用下，获得巨大的能量，以极高的速度去轰击荧光粉层。这些电子束轰击的目标就是荧光屏上的三原色。为此，电子枪发射的电子束不是一束，而是三束，它们分别受计算机显卡 R、G、B 三个基色视频信号电压的控制，去轰击各自的荧光粉单元，从而在显示屏上显示出完整的图像。

4. 【解答】光栅扫描是从上至下顺序扫描，采用逐行扫描和隔行扫描两种方式。

R、G、B 三基色的阴极发射三色电子束；I 信号驱动强度增强或减弱；垂直同步信号 VSYNC 和水平同步信号 HSYNC 分别驱动相应的偏转线圈，使电子束在偏转磁场的作用下进行有规律的扫描。

5. 【解答】显示器在字符显示方式下，显示缓存的最少容量与每屏显示的字符数有关。在 40 行×80 列的情况下，显示缓存的最少容量为 40×80=3 200 B

6. 【解答】显示器在图形方式下，显示缓存的最少容量与分辨率和颜色有关。若每个像素为 16 个灰度级，则每个像素应由 4 位表示，所以显示缓存的容量为 1024×768×4/8=384 KB。

7. 【解答】按微机接口方式分并行输出和串行输出打印机；按印字技术分击打式（包括针式和字模式）和非击打式打印机，非击打式常用有喷墨、激光、热转和喷蜡等；按印字方式分行式和页式打印机。

打印机的主要性能指标有分辨率、打印速度和行宽。

8. 【解答】（1）数码照相机工作原理：拍摄图像被聚焦到 CCD 元件上，通过 CCD 将图像转换成许多像素，以二进制数字方式存储于，只要将存储器与计算机连接，即可在显示器上显示所拍摄的图像，并进行加工处理或打印输出。

（2）数码照相机特点：数码照相机可将图像数字化，操作简便，特别是能与计算机直接连接，且在计算机上利用图像处理软件对图像做各种平面处理，得到更好的艺术效果，被广泛应用于各个领域。

（3）扫描仪工作原理：通过传动装置驱动扫描组件（CCD），将各类文档、相片、幻灯片、底片等经过一系列的光/电转换，最终形成计算机能识别的数字信号，再由控制扫描仪操作的扫描软件读出这些数据，并重新组成数字化的图像文件，供计算机存储、显示、修改、完善，以满足人们各种形式的需要。

（4）扫描仪特点：能迅速实现大量文字录入、计算机辅助设计、文档制作、图文数据库管理，而且能实时录入各种图像，在网络和多媒体技术迅速发展的今天，扫描仪能有效地应用于传真、复印、电子邮件等工作，依靠软件的支持，还能制作电子相册、请柬、挂历等许多个性鲜明和充满乐趣的作品。扫描仪作为计算机的重要输入设备，已被广泛应用于报纸、书刊、出版印刷、广告设计、工程技术、金融业务等领域之中。

D/A 及 A/D 转换器 ⫷

学习目的：

- D/A、A/D 转换器的基本概念。
- D/A 转换器的基本原理与编程方法。
- A/D 转换器的基本原理与编程方法。
- D/A、A/D 转换器的综合应用。

14.1 本章重点知识

14.1.1 D/A 转换器基本原理与应用

1. D/A 转换器的基本概念

D/A 转换器是指将数字量转换成模拟量的集成电路，它的模拟量输出（电流或电压）与参考量（电流或电压）以及二进制数成比例。通过 D/A 转换器进行 D/A 转换就是按照一定的解码方式将数字量转换成模拟量。

解码方式主要有二进制加权电阻网络型 D/A 转换器和梯形电阻网络。

2. D/A 转换器的主要参数

（1）绝对精度：D/A 实际输出与理论满刻度输出之间的差异，一般应低于最低有效位一半的电压（1/2LSB），由增益误差、失调误差（零点误差）、线性误差和噪声等综合引起。

（2）相对精度：满量程已校准情况下，在量程范围内任意二进制数的模拟量输出与理论值输出的差值，一般用相当于数字量最低位数的多少来表示，如 >1LSB 或 ± 1/2LSB 等。

（3）位数（分辨率）：用二进制位数表示，如 8 位 DAC 能给出满量程电压的 $1/2^8$ 的分辨能力。表明 DAC 对模拟值的分辨能力，是最低有效位（1LSB）所对应的模拟量。

（4）建立时间：二进制数输入到完成转换，输出达到终值误差 ± 1/2LSB 时所需时间，也称电流建立时间。电流型 D/A 转换较快，电压输出的 D/A 转换器主要是运算放大器的响应时间较慢。

3. 8 位 D/A 转换器 DAC0832 及应用

DAC0832 是一种分辨率为 8 位的电流输出型 D/A 转换芯片。

（1）DC0832 的内部结构：有两级 8 位缓冲寄存器，D/A 转换器采用梯形电阻网络，其内部结构如图 14-1 所示。

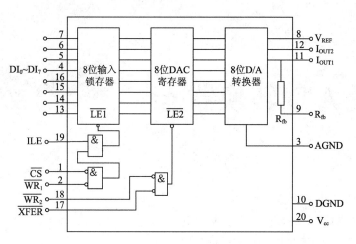

图 14-1   DAC0832 内部结构

（2）DAC0832 的工作方式：通过引脚 $\overline{CS}$、ILE、$\overline{WR_1}$、$\overline{WR_2}$、$\overline{XFER}$ 控制，可工作在以下 3 种方式。

① 输出直通方式。

② 缓冲寄存器工作方式。

③ 双缓冲寄存器工作方式。

（3）DAC0832 的输出：常态下是电流形式输出，当需要电压形式输出时，必须外接运算放大器。根据输出电压的极性不同，DAC0832 分为单极性输出和双极性输出两种方式，若输入数字为 0~255：

① 单极性输出：$V_{OUT} = -\dfrac{V_{REF} \times B}{256}$

② 双极性输出：$V_{OUT} = -(128\text{-}B) \times \dfrac{V_{REF}}{256}$

电路输出的波形有矩形波、梯形波、三角波和锯齿波。

4．DAC0832 与微机接口电路设计

（1）D/A 转换器使用注意事项：先考虑 D/A 转换器分辨率和工作温度范围是否满足系统要求，再根据 D/A 转换芯片结构和应用特性选择 D/A 转换器，使接口方便，外围电路简单。

（2）接口设计：具有三态输入数据寄存器的 D/A 芯片可直接与计算机 I/O 槽上的数据总线相接，要为 D/A 转换器分配一个端口地址。

（3）D/A 转换器的应用：利用 D/A 转换器的基本功能可以输出各种波形，如矩形波、梯形波、三角波和锯齿波。

14.1.2   A/D 转换器基本原理与应用

1．A/D 转换器概述

A/D 转换器是模拟信号源与数字设备、数字计算机或其他数据系统之间联系的桥梁，其任务是将连续变化的模拟信号转换为离散的数字信号以便于数字系统进行处理、存储、控制和显示。

2．A/D 转换器分类

（1）按输入模拟量的极性区分，有单极型和双极型两种。

（2）按数字量输出区分，有并行方式、串行方式及串/并行方式。

（3）按转换原理区分，有积分型、逐次逼近型和并行转换型。

3．A/D 转换器的性能参数

（1）分辨率：表明 ADC 对模拟输入的分辨能力，它确定能被 ADC 辨别的最小模拟量变化，用二进制位数表示。

（2）转换时间：ADC 从开始转换到有效数据输出从而完成一次 A/D 转换所需的时间。

（3）绝对精度：输出端产生给定的数字代码，实际需要的模拟输入值与理论上要求的模拟输入值之差。

（4）相对精度：在满度值校准之后，任一数字输出所对应的实际模拟输入值与理论值之差。

4．8 位 A/D 转换器件 ADC0809

（1）ADC0809 概述：逐次逼近型 A/D 转换器，分辨率 8 位，8 通道，数据输出三态，可直接与微机总线相连。采用单一+5 V 电源供电，外接工作时钟。当时钟 500 kHz 时转换时间大约 128 ms，工作时钟 640 kHz 时转换时间大约 100 ms。允许模拟输入为单极性，无须零点和满刻度调节。

ADC0809 内部有 8 个锁存器控制的模拟开关，可以编程选择 8 个通道中的一个。ADC0809 没有片选引脚，需要外接逻辑门将对 A/D0809 进行读/写的信号与端口地址组合起来实现编址。

（2）内部结构：主要包括 8 位逐次比较 A/D 转换器，8 路模拟开关及地址锁存与译码，如图 14-2 所示。

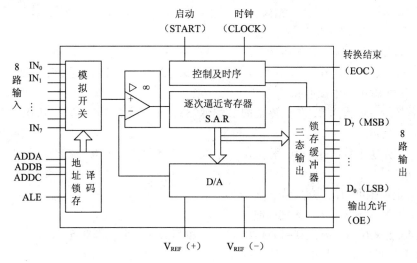

图 14-2　ADC0809 内部结构图

（3）引脚功能：

- ADDA、ADDB、ADDC：模拟通道选择地址信号。
- V_{REF}（+）、V_{REF}（−）：正、负参考电压输入端。
- CLOCK：时钟输入信号，最大 640 kHz。
- START：A/D 转换启动信号。

- ALE：允许地址锁存信号。
- EOC：A/D 转换结束信号。
- OE：允许输出信号。

（4）ADC0809 与微机接口：ADC0809 数据输出端为 8 位三态输出，故数据线可直接与微机数据线相接。但因为无片选信号线，因而需要相关的逻辑电路相匹配。

ADC0809 还可以通过并行接口与微机的数据线相连，如 8255A 接口芯片。

（5）A/D 转换器的选择原则：

① 根据检测通道的总误差和分辨率要求，选取 A/D 转换精度和分辨率。

② 根据被测对象变化率及转换精度要求，确定 A/D 转换器的转换速率。

③ 根据环境条件选择 A/D 芯片的环境参数。

④ 根据接口设计是否简便及价格等选取 A/D 芯片。

14.2 典型例题解析

【例 14.1】一台 PC 的扩展槽中已插入一块 D/A 转换器模块，其端口地址为 280H，执行下面程序段后，D/A 转换器输出的波形是什么？

```
DAOUT:  MOV  DX,280H
        MOV  AL,00H
LOOP:   OUT  DX,AL
        DEC  AL
        JMP  LOOP
```

A．三角波   B．锯齿波   C．方波   D．正弦波

【解析】D/A 转换器的输出端可输出以下波形：

（1）若持续 256 次送 0，然后 256 次送 FFH，如此重复，D/A 输出一个矩形波。

（2）若持续 256 次送 0，然后逐次加 1 直到 255，然后持续 256 次，接着将 255 逐次减 1，如此重复，D/A 输出一个梯形波；

（3）若持续 256 次送 0，然后逐次加 1 直到 255，接着将 255 逐次减 1 到 0，如此重复，D/A 输出一个三角波。

（4）若首先送出数据 0，然后逐次减 1 输出，从 255 又变化至 0，如此重复，即可得到锯齿波。

根据给定程序可知，应属于第 4 种波形。

所以，本题答案选择 B，为锯齿波。

【例 14.2】采用直通方式利用 DAC0832 产生锯齿波，波形范围 0~5 V。

【解析】根据题目要求分析如下：

（1）采用直通方式，即 0832 的 8 位输入寄存器、8 位 DAC 寄存器一直处于开通状态，要求控制端 ILE 接高电平，$\overline{CS}$、$\overline{WR_1}$、$\overline{WR_2}$、$\overline{XFER}$ 接地。

（2）对于直通方式，CPU 输出的数据可直接送到 DAC0832 的 8 位 D/A 转换器进行转换。来自 CPU 数据总线的数据必须经锁存后才能传送到 DAC0832 D/A 转换器的输入端。所以，把 DAC0832 数据输入端连接到 8255A 的 A 口，连接情况如图 14-3 所示。

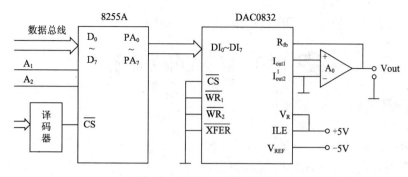

图 14-3 例 14.3 系统连接图

（3）波形范围 0~5 V，单极性输出。

（4）矩齿波上升部分采用数据值 0 减 1 的方法，使输出数据由 00H 直接变化到 FFH。在下降时 FFH 逐次减 1 到 00H，不用重新赋 00H。

设 8255A 芯片地址为 0A40H、04A2H、04A4H、04A6H。

程序段设计如下：

```
MOV  DX,  04A6H        ;8255 控制口地址送 DX
MOV  AL,  80H          ;设 A 口为方式 0,输出
OUT  DX,  AL
MOV  DX,  0A40H        ;8255A 口地址送 DX
MOV  AL,  00H          ;输出数据初始值
AA1: OUT  DX,AL
     DEC  AL
JMP  AA1
```

【例 14.3】简述 DAC0832 的工作过程，3 种工作方式有何特点？

【解析】DAC0832 工作过程分析如下：

来自 CPU 的 8 位数据首先在 ILE、$\overline{\text{WR}}$、$\overline{\text{CS}}$ 三个控制信号都有效时锁存在 8 位 DAC 输入寄存器中，数据送寄存器输入端，在 $\overline{\text{WR1}}$、$\overline{\text{XFER}}$ 都有效的情况下，8 位数据再次被锁存到 DAC 寄存器，将数据送 8 位 D/A 转换器输入端，这时开始把数据转换为相对应的模拟电流并从 I_{out1} 和 I_{out2} 输出。

通过两个寄存器形成 DAC 0832 的 3 种工作方式特点如下：

（1）双缓冲方式：数据通过两个寄存器锁存后再送入 D/A 转换电路，执行两次写操作才能完成一次 D/A 转换。这种方式特别适用于要求同时输出多个模拟量的场合。

（2）单缓冲方式：两个寄存器之一处于直通状态，输入数据只经过一级缓冲送 D/A 转换电路。该方式下只需执行一次写操作，即可完成 D/A 转换，可提高 DAC 的数据吞吐量。

（3）直通方式：两个寄存器都处于开通状态，即 $\overline{\text{CS}}$、ILE、$\overline{\text{WR1}}$、$\overline{\text{WR2}}$、$\overline{\text{XFER}}$ 都满足有效电平状态，数据直接送 D/A 转换电路进行 D/A 转换。该方式可用于不采用微机的控制系统中。

【例 14.4】ADC 中的转换结束信号 EOC 起什么作用？

【解析】A/D 转换结束时，EOC 变为高电平，指示 A/D 转换结束。此时，数据保存到 8 位锁存器。

EOC 信号可作为中断申请信号，通知 CPU 转换结束可以输入数据。中断服务程序使 OE 信号变为高电平，打开三态输出，由 ADC0809 输出的数字量传送到 CPU；也可采用查询方式，CPU 执行输入指令，查询 EOC 端是否变为高电平状态，若为低电平则等待，若为高电平则向

OE 端输出一个高电平信号，打开三态门输入数据。

14.3 思考与练习题解答

一、填空题

1. 10。

2. ①R；②2R。

3. ①等待方式；②查询方式；③中断方式。

4. ①设置值；②不变。

5. ①间接比较转换；②直接比较型。

6. 2.44。

7. ①OUT；②IN。

8. ①有限位数对模拟量进行量化而引起的；②提高位数。

二、设计题

1. 【解答】梯形波产生方法：持续 256 次送 0，逐次加 1 直到 255，然后持续 256 次，接着将 255 逐次减 1 至 0。重复上述步骤则输出连续梯形波，否则为单一的一个梯形波。

设 DAC0832 与 CPU 直接相连，0832 地址为 360H。

程序段设计如下：

```
        MOV     DX,360H
        MOV     CX,0FFH
        MOV     AL,00
DD1:    OUT     DX,AL           ;D/A送0
        LOOP    DD1             ;循环256次,形成梯形波的下底
        MOV     CX,0FFH
DD2:    INC     AL              ;循环加1,以形成上升斜波
        OUT     DX,AL           ;送D/A
        LOOP    DD2             ;
        MOV     CX,0FFH
DD3:    OUT     DX,AL           ;输出上底
        LOOP    DD3
        MOV     CX,0FFH
DD4:    DEC     AL
        OUT     DX,AL           ;输出下降坡
        LOOP    DD4
```

2. 【解答】当 D/A 转换器数据线超过 8 位时，若与 8086 系统总线直接相连，可直接连数据总线；若通过 8255A 与 CPU 相连，可将低 8 位连 A 口，另外 4 位连 C 口或 B 口均可。（请读者自行举例说明）

3. 【解答】设 ADC0809 直接与 CPU 扩展槽连接，0809 地址为 2F7H，8 通道 A/D 转换器 0809 的测试程序编制如下：

```
        MOV     CX,8
        MOV     AH,00H
        MOV     DX,2F7H
ADO:    MOV     AL,AH
```

```
        OUT     DX,AL
        CALL    DEALY
        IN      AL,DX
        LOOP    ADO
```

4. 【解答】ADC0809 的数据输出端为 8 位三态输出，故数据线可直接与微机的数据线相接。但因为无片选信号线，需要相关逻辑电路相匹配。ADC0809 还可通过并口与系统连接。

ADC0809 直接与 CPU 扩展槽连接如图 14-4 所示。

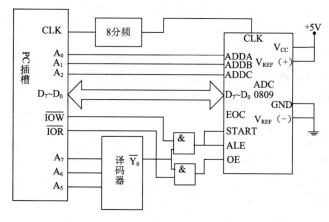

图 14-4　ADC0809 与 CPU 扩展槽连接图

由图 14-4 可知，ADC 0809 的选通地址为 2F7H。假设转换后的数据存放到 BUF 开始的内存单元中。

程序段设计如下：

```
        LEA     DI,     BUF
        MOV     CX,     8
        MOV     AH,     00H
        MOV     DX,     2F7H
ADO:    MOV     AL,     AH
        OUT     DX,     AL
        CALL    DEALY
        IN      AL,     DX
        MOV     [DI],   AL
        INC     AH
        INC     DI
        LOOP    ADO
```

第 15 章

实验操作指导 <<<

学习目的:

- DEBUG 调试程序的使用。
- 汇编语言源程序的建立、汇编、连接、调试及运行过程。
- 指令系统与顺序、分支、循环、子程序结构程序设计实验。
- DOS 功能调用实验。
- 高级汇编程序设计实验。
- 存储器扩展实验。
- 8253 定时器/计数器编程实验。
- 8255A 并行通信实验。
- 8251A 串行通信实验。
- DMA 传送控制实验。
- 8259A 中断控制器编程实验。
- 数据采集系统实验。

15.1 DEBUG 调试程序的使用

1. 实验目的

(1)学习 DEBUG 调试程序的启动和退出。

(2)掌握 DEBUG 常用命令。

(3)熟悉 8086 内部寄存器和内存单元的状况。

(4)了解程序运行的过程。

(5)熟悉 DEBUG 的调试功能。

2. 实验内容及要求

掌握启动和退出 DEBUG 调试程序的方法后,分别用 DEBUG 相关命令实现对计算机的 RAM 单元、寄存器等内容进行修改及简单程序的跟踪运行。

3. DEBUG 调试程序简介

DEBUG.COM 是用于调试汇编语言程序的一个工具软件,可用于建立汇编语言源程序(*.ASM),并能对汇编语言源程序进行汇编;还可用于程序的控制执行,跟踪程序的运行,了解程序中每条指令的执行结果以及每条指令执行完毕后各个寄存器的内容,以便检查和修改可执行程序;也可用于对接口操作和对磁盘进行读/写操作等。

(1)启动和退出 DEBUG 程序。

若 DEBUG.COM 安装在 C 盘的根目录下,进入 DOS 命令状态后,直接启动 DEBUG 的方法如下:

```
C:\>DEBUG_
```

这时屏幕上出现 DEBUG 的命令提示符"_",等待输入 DEBUG 命令。

如果启动 DEBUG 程序的同时装入被调试文件,可采用如下方法:

命令格式:`C:\>DEBUG [d:][PATH]filename[.EXT]`

其中,[d:][PATH]是被调试文件所在盘及其路径;filename 是被调试文件的文件名;[.EXT]是被调试文件的扩展名。

例如,某汇编语言的可执行文件 BCDSUM.EXE 保存在 E 盘,采用 DEBUG 对其进行调试时,可输入如下的操作命令:

```
C:\>DEBUG E:\BCDSUN.EXE✓
```

退出 DEBUG 程序:在 DEBUG 命令提示符"_"下输入 Q 命令,即可结束 DEBUG 的运行,返回 DOS 操作系统。

(2)常用 DEBUG 命令。

DEBUG 命令是在提示符"_"下由键盘输入的。每条命令以单个字母的命令符开头,后跟命令的操作参数,各操作参数之间用空格或逗号隔开,操作参数与命令符之间用空格隔开,命令的结束符是【Enter】。

命令及参数的输入可以是大小写字母的结合。使用【Ctrl+Break】组合键可中止命令的执行,使用【Ctrl+NumLock】组合键可暂停屏幕卷动,按任一键继续。在 DEBUG 中所用的操作数均为十六进制数,机器默认,不必写 H。

DEBUG 的主要命令及功能如表 15-1 所示。

表 15-1 DEBUG 的主要命令及功能

命 令 名	含 义	命 令 使 用 格 式	命 令 功 能
D	显示存储单元	–D[address]	按指定地址范围显示存储单元内容
		–D[range]	按指定首地址显示存储单元内容
E	修改存储单元内容	–E address[list]	用指定内容表替代存储单元内容
		–E address	逐个单元修改存储单元内容
F	填写存储单元内容	–F range list	将指定内容填写到存储单元
R	检查和修改寄存器内容	–R	显示 CPU 内所有寄存器内容
		–R register name	显示和修改某个寄存器内容
		–RF	显示和修改标志位状态
G	运行	–G[=address1][address2]	按指定地址运行
T	跟踪	–T[=address]	逐条指令跟踪
		–T[=address][value]	多条指令跟踪
A	汇编	–A[address]	按指定地址开始汇编
U	反汇编	–U[address]	按指定地址开始反汇编
		–U[range]	按指定范围的存储单元开始反汇编
N	命名	–N filespecs [filespecs]	将两个文件标识符格式化
L	装入	–L address drive sector sector	装入磁盘上指定内容到存储器
		–L[address]	装入指定文件

续表

命 令 名	含 义	命令使用格式	命 令 功 能
W	写入	–W address drive sector sector	把数据写入磁盘指定的扇区
		–W[address]	把数据写入指定的文件
Q	退出	–Q	退出 DEBUG

下面对 DEBUG 的常用命令及功能进行分析。

① 汇编命令 A。

格式：A <段寄存器名>：<偏移地址>

　　　A <段地址>：<偏移地址>

　　　A <偏移地址>

　　　A

功能：将输入的指令汇编为可执行的机器指令。输入该命令后显示段地址和偏移地址并等待从键盘逐条输入汇编语言指令。每当输入一行语句后按【Enter】键，输入语句有效。若输入语句中有错，DEBUG 会显示"ˆError"，要求用户重新输入，直到显示下一地址时用户直接按【Enter】键返回到提示符"_"。

② 比较命令 C。

格式：C <源地址范围>，<目标地址>

其中，<范围>是由<起始地址><终止地址>指出的一片连续单元，或由<起始地址>L<长度>指定。

功能：从<源地址范围>的起始地址单元起逐个与目标起始地址以后的单元顺序比较单元的内容，直至源终止地址为止。遇有不一致时，以<源地址><源内容><目标内容><目标地址>的形式显示分配单元及内容。

③ 显示内存单元命令 D。

格式：D

　　　D <地址>

　　　D <地址范围>

功能：该命令显示指定内存单元的数据内容，左边显示行首字节的段地址：偏移地址，中间以十六进制形式显示指定范围的内存单元内容，右边是与十六进制数相对应字节的 ASCII 码字符，对不可见字符以"·"代替。

④ 修改内存单元命令 E。

格式：E <地址><单元内容>

　　　E <地址><单元内容表>

其中，<单元内容>是一个十六进制数或字符串；<单元内容表>是以逗号分隔的十六进制数或字符串，也可是二者的组合。

功能：将指定内容写入指定单元后显示下一地址，代替原来内容。可连续键入修改内容，直至新地址出现后按【Enter】键为止；或将<单元内容表>逐一写入由<地址>开始的一片单元中，该功能可将由指定地址开始的连续内存单元中内容修改为单元内容表中的内容。

⑤ 填充内存命令 F。

格式：F <范围><单元内容表>

功能：将单元内容表中的值逐个填入指定范围，单元内容表中内容用完后重复使用。

例如：F 05BC:200 L 10 B2,'XYZ',3C

该命令将从地址 05BC:200 开始的 16 个存储单元顺序填充为"B2，58，59，5A，3C，B2，58，

59，5A，3C，B2，58，59，5A，3C，B2"。

⑥ 连续执行命令 G。

格式：G

　　　G=<地址>

　　　G=<地址>,<断点>

功能：默认程序从 CS:IP 开始执行，或程序从当前的指定偏移地址开始执行，或从指定地址开始执行，到断点自动停止并显示当前所有寄存器、状态标志位的内容和下一条要执行的指令。DEBUG 调试程序最多允许设置 10 个断点。

⑦ 跟踪命令 T。

格式：T　[=<地址>][<条数>]

功能：输入 T 命令后直接按【Enter】键，则默认从 CS:IP 开始执行程序，且每执行一条指令后暂停，显示所有寄存器、状态标志位的内容和下一条要执行的指令。用户也可指定程序开始执行的起始地址。<条数>的默认值是一条，也可以指定若干条命令。

⑧ 反汇编命令 U。

格式：U　<地址>

　　　U　<地址范围>

功能：将机器指令翻译成符号形式。该命令将指定范围内的代码以汇编语句形式显示，同时显示地址及代码。注意，反汇编时一定要确认指令的起始地址，否则将得不到正确结果，地址及范围的默认值是上次 U 指令后下一地址的值，这样可以连续反汇编。

⑨ 写盘命令 W。

格式：W　<地址><盘号><起始逻辑扇区><所写逻辑扇区数 n>

功能：该命令将内存<地址>起始的一片单元内容写入指定扇区。只有 W 而没有参数时，与 N 命令配合使用完成写盘操作。可用 N 命令先定义被调试的文件，再将被调试文件的字节长度值送 BX、CX（BX 寄存器存放字节长度值的高位，CX 寄存器存放字节长度值的低位），最后用写盘命令 W 将被调试文件存入磁盘。

例如：欲将 D1.COM 文件写入磁盘，设文件长度为 40 字节，可进行如下操作：

```
_N  D1.COM
_R  CX
CX  xxxx
:0040
_R  BX
BX  xxxx
:0000
_W
Writing  00040  bytes
```

⑩ 显示寄存器命令 R。

格式：R

　　　R　<寄存器名>

功能：显示当前所有寄存器内容、状态标志及将要执行的下一指令的地址（即 CS:IP）、机器指令代码及汇编语句形式。

对状态标志寄存器 FLAGS 以状态标志位的形式显示内容如表 15-2 所示。

表 15-2　状态标志寄存器 FLAGS 中状态标志显示形式

状态标志位	状 态	显 示 形 式
溢出标志 OF	有/无	OV/NV
方向标志 DF	减/增	DN/UP
中断标志 IF	开/关	EI/DI
符号标志 SF	负/正	NG/PL
零标志 ZF	零/非零	ZR/NZ
奇偶标志 PF	偶/奇	PE/PO
进位标志 CF	有/无	CY/NC
辅助进位标志 AF	有/无	AC/NA

输入 R 命令后将显示指定寄存器名及其内容，"："后可以输入修改内容。输入修改内容后按【Enter】键有效。若不需修改原来内容，直接按【Enter】键即可。

⑪ 端口输出命令 O。

格式：O <端口地址><字节>

功能：将该<字节>由指定<端口地址>输出。

例如：O 2F 4F

该命令将数据 4FH 从 2FH 端口输出。

⑫ 端口输入命令 I。

格式：I <端口地址>

功能：将指定端口输入的内容显示出来。

⑬ 搜索指定内存命令 S。

格式：S <地址范围><表>

功能：在指定范围搜索表中内容，找到后显示表中元素所在地址。

例如：S 0100 0110 41

屏幕显示：04BA:0104
　　　　　04BA:010D

表示在 0100H~0110H 之间的一片存储单元中，0104H 和 010DH 两个存储单元有数据 41H。

又如：S CS:0100 L 10 'AB'

表示在当前代码段位移 0100H~0110H 处搜索连续的 2 个字节内容为 41H、42H（分别对应 A、B 的 ASCII 码）的单元。

（3）在 DEBUG 环境下建立和汇编程序。

在 DEBUG 环境下可以直接建立、编辑、修改和调试汇编语言源程序，也可对程序进行汇编运行。

例如，在 DEBUG 环境下运行如下程序：

```
MOV  DL,41H          ;字符A的ASCII码送DL
MOV  AH,02H          ;使用DOS的2号功能调用
INT  21H             ;进入功能调用,输出'A'
INT  20H             ;BIOS中断服务,程序正常结束
```

运行步骤：

① 进入 DEBUG。

设 C 盘上有 DEBUG.COM 程序，进入 DOS 环境后输入 DEBUG，然后按【Enter】键：

```
C:\>DEBUG
_
```

② 输入程序并汇编。用 A 命令输入程序如下：

```
_A 100
169C:0100    MOV    DL,41
169C:0102    MOV    AH,02
169C:0104    INT    21
169C:0106    INT    20
169C:0108
```

至此，程序输入完毕，并汇编成机器指令。

③ 运行程序。用 G 命令运行程序如下：

```
_G
A
Program terminated normally
```

④ 反汇编。如果想分析一下该程序的指令，可以用反汇编命令 U 作如下操作：

```
_U 100,108
169C:0100    B241              MOV    DL,41
169C:0102    B402              MOV    AH,02
169C:0104    CD21              INT    21
169C:0106    CD20              INT    20
169C:0108
```

⑤ 将该机器指令程序送到起始地址为 200H 的若干单元。

```
_E 200 B2,41,B4,02,CD,21,CD,20
```

⑥ 执行该机器指令程序。

```
_G=200
A
Program terminated normally
```

至此，在 DEBUG 环境下完成了使用 DOS 的 2 号功能调用，在屏幕上显示字符 A。

15.2　汇编语言上机基本操作

1. 实验目的

（1）学习及掌握汇编语言源程序的书写格式和要求，明确程序中各段的功能和相互之间的关系。

（2）学会使用 EDIT、MASM、LINK、DEBUG 等软件工具。

（3）熟练掌握在计算机上建立、汇编、连接、调试及运行程序的方法。

2. 实验内容及要求

（1）熟悉汇编语言源程序的上机环境，明确机器的硬件配置和支持汇编语言程序运行及建立汇编语言源程序的一些软件。主要包括 DOS 操作系统、编辑程序 EDIT.COM、宏汇编程序 MASM.EXE、连接程序 LINK.EXE、调试程序 DEBUG.COM 等。

（2）掌握运行汇编语言程序的步骤。

一般情况下，在计算机上运行汇编语言程序的步骤如下：

① 用编辑程序（如 EDIT.COM）建立扩展名为.ASM 的汇编语言源程序文件。

② 用汇编程序（如 MASM.EXE）将汇编语言源程序文件汇编成用机器码表示的目标程序文件，其扩展名为.OBJ。

③ 如果在汇编过程中出现语法错误，根据错误的信息提示（如错误位置、错误类型、错误说明），用编辑软件重新调入源程序进行修改。

④ 无错时用连接程序（如 LINK.EXE）把目标文件转化成可执行文件，扩展名为.EXE。

⑤ 生成可执行文件后，在 DOS 命令状态下直接输入文件名就可执行该文件。

3．实验操作过程

汇编语言源程序的建立：

启动系统后进入 DOS 状态，发出相应命令，就可以进入 EDIT 屏幕编辑软件，然后输入汇编语言源程序。

下面通过一个实际例子来了解汇编语言源程序的建立、汇编、连接、运行的完整过程。

给出的程序是从键盘输入 10 个字符，然后以与输入相反的顺序将 10 个字符输出到显示屏幕上，设置源程序名为 STR.ASM。

源程序设计如下：

```
STACK SEGMENT PARA STACK 'STACK'        ; 设置堆栈段
  DW 10 DUP(?)                          ; 开辟10个字数据存储区域
STACK ENDS
CODE SEGMENT
  ASSUME CS:CODE,SS:STACK
  START:MOV CX,10                       ; 计数器赋初值
      MOV  SP,20                        ; 堆栈指针赋初值
  LP1:MOV AH,01H                        ; 键盘送单个字符
      INT  21H
      MOV  AH,0                         ; 对AH寄存器清0
      PUSH AX                           ; AX内容压入堆栈
      LOOP LP1                          ;（CX）-1≠0转LP1
      MOV  CX,10                        ; 计数器重赋值
  LP2:POP DX                            ; 堆栈内容弹出到DX寄存器
      MOV  AH,02H                       ; 显示器输出单个字符
      INT  21H
      LOOP LP2                          ;（CX）-1≠0转LP2
      MOV  AH,4CH                       ; 返回DOS
      INT  21H
  CODE ENDS
      END START
```

（1）用 EDIT 建立汇编语言源程序。在 DOS 状态下，调用 EDIT 编辑程序建立文件名为 STR.ASM 的汇编源程序，如图 15-1 所示。

图 15-1　用 EDIT 建立汇编语言源程序

在 EDIT 状态下按【Alt】键可激活命令选项，用光标的上下左右移动可选择相应命令功能，也可选择反白命令关键字进行操作，按【Esc】键可退出 EDIT。程序输入完毕退出 EDIT 前一定要将源程序文件存盘，以便进行汇编及连接。

（2）用 MASM 汇编生成目标文件。源程序文件建立完毕后，调用宏汇编程序 MASM 对 STR.ASM 进行汇编，如图 15-2 所示。

图 15-2　用 MASM 汇编生成目标文件

MASM 汇编程序主要功能是：检查源程序中存在的语法错误，并给出错误信息；源程序经汇编后无错则产生目标程序文件，扩展名为.OBJ；若程序中使用了宏指令，汇编程序将展开宏指令。

汇编程序调入后，首先显示软件版本号，然后出现 3 个提示行：

```
Object filename[STR.OBJ]:
Source listing [NUL.LST]:
Cross reference[NUL.CRF]:
```

第 1 个提示行询问目标程序文件名，方括号内为机器规定的默认文件名，通常直接按【Enter】键，表示采用默认的文件名，也可以输入指定的文件名。

第 2 个提示行询问是否建立列表文件，若不建立，可直接按【Enter】键；若要建立，则输入文件名再按【Enter】键。列表文件中同时列出源程序和机器语言程序清单，并给出符号表，有利于程序的调试。

第 3 个提示行询问是否要建立交叉索引文件，若不要建立，直接按【Enter】键；如果要建立，则输入文件名，就建立了扩展名为.CRF 的文件。为建立交叉索引文件，须调用 CREF.EXE 程序。

调入汇编程序以后，逐条回答上述各提示行的询问，汇编程序就对源程序进行汇编。如果汇编过程中发现源程序有语法错误，则列出有错误的语句和错误代码。

汇编过程的错误分警告错误（Warning Errors）和严重错误（Severe Errors）两种。其中警告错误是指汇编程序认为的一般性错误；严重错误是指汇编程序认为无法进行正确汇编的错误，并给出错误的个数、错误的性质。这时要对错误进行分析，找出原因和问题，然后再调用屏幕编辑程序加以修改，修改以后再重新汇编，一直到汇编无错误为止。

（3）用 LINK 连接生成可执行文件。经汇编以后产生的目标程序文件（.OBJ 文件）并不是可执行程序文件，必须经过连接以后才能成为可执行文件（扩展名为.EXE）。

汇编完毕，程序正确，可调用 LINK 进行连接以生成可执行文件 STR.EXE，连接过程如图 15-3 所示。

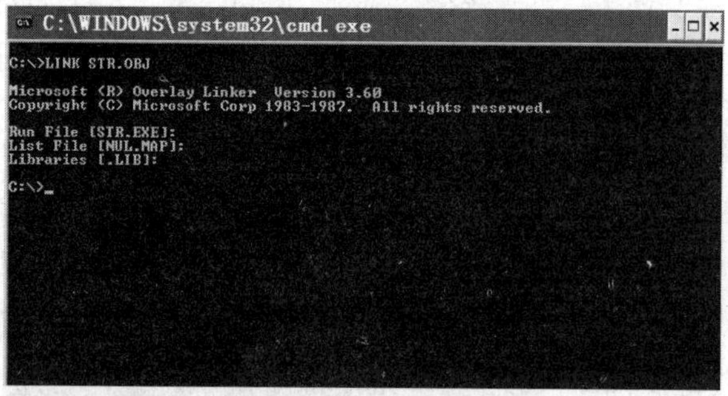

图 15-3　用 LINK 连接生成可执行文件

在连接程序调入后，首先显示版本号，然后出现 3 个提示行：

```
Run File[STR.EXE]:
List File[NUL.MAP]:
Libraries[.LIB]:
```

第 1 个提示行询问要产生的可执行文件的文件名，一般直接按【Enter】键，采用方括号内规定的隐含文件名即可。

第 2 个提示行询问是否要建立连接映像文件。若不建立，则直接按【Enter】键；如果要建立，则键入文件名再按【Enter】键。

第 3 个提示行询问是否用到库文件，若无特殊需要，则直接按【Enter】键即可。

注意： 在链接的提示信息中，若程序中没有定义堆栈段，会给出一个 Warning: NO STACK segment（无堆栈段）的警告性错误，这并不影响程序的执行。

（4）程序的运行。在 DOS 状态下，直接输入可执行的程序文件名 STR，然后从键盘输入"0123456789"10 个数字，按【Enter】键后，计算机将输入的 10 个数字倒序排列输出，即"9876543210"。

再次输入可执行程序文件名 STR，从键盘输入"abcdefghij"10 个小写字母，按【Enter】键后，计算机将 10 个小写字母倒序排列输出，即"jihgfedcba"。

再次运行 STR 文件，输入"0123ABCD#%"10 个字符，按【Enter】键后，计算机将输出倒序后的 10 个字符"%#DCBA3210"。

程序的运行过程及其结果如图 15-4 所示。

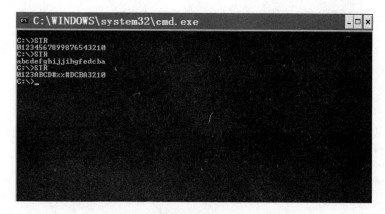

图 15-4　程序的运行过程及结果

15.3　典型指令与顺序结构程序设计

1．实验目的

（1）熟悉 8086 微处理器指令系统中的数据传送类指令、算术运算类指令等使用格式和功能。

（2）理解各类指令对标志寄存器的影响。

（3）熟悉顺序结构程序的格式和基本设计方法。

（4）掌握顺序结构程序的建立、汇编、连接和执行过程。

2．实验内容及要求

（1）完成表达式 S=(W–(X*Y+Z–50))/X 的计算。设 W、X、Y、Z、S 均为 16 位带符号数。将表达式的商和余数分别存入数据段 S 单元开始的区域中。

（2）采用编辑软件建立汇编语言源程序，修改无误后存盘，通过汇编、连接，了解汇编语言从编程到形成可执行文件的全过程，然后将其转化为.EXE 文件。

（3）用 DEBUG 程序运行该.EXE 文件，检查程序的运行结果。在 DEBUG 下通过单步运行，观察各指令对寄存器或存储单元及标志位的影响。

（4）要求掌握乘除法运算中带符号数和无符号数运算的区别，为了实现指定功能，要考虑带符号数的乘除法运算应选用的指令、乘除法运算中操作数的长度问题以及带符号数的扩展问题。

3．实验参考程序

本实验的参考程序设计如下：

```
DATA  SEGMENT                        ;数据段定义
      W     DW   350                 ;定义W为字变量,赋初值350
      X     DW   -20                 ;定义X为字变量,赋初值-20
      Y     DW   -10                 ;定义Y为字变量,赋初值-10
      Z     DW   100                 ;定义Z为字变量,赋初值100
      S     DW   2 DUP(?)            ;定义S为字变量,预留两个单元
DATA  ENDS
CODE  SEGMENT                        ;代码段定义
      ASSUME CS:CODE,DS:DATA
```

```
START:MOV  AX,DATA          ;汇编开始,初始化DS
      MOV  DS,AX
      MOV  AX,X             ;被乘数X取到AX中
      IMUL Y                ;计算X*Y
      MOV  CX,AX            ;结果转存到CX和BX
      MOV  BX,DX
      MOV  AX,Z             ;将Z取到AX中
      CWD                   ;将Z扩展到DX,AX中
      ADD  CX,AX
      ADC  BX,DX            ;计算X*Y+Z
      SUB  BX,50            ;计算X*Y+Z-50
      SBB  BX,0
      MOV  AX,W             ;将W取到AX中
      CWD                   ;将W扩展到DX和AX中
      SUB  AX,CX
      SBB  DX,BX            ;计算W-(X*Y+Z-50)
      IDIV X                ;计算(W-(X*Y+Z-50))/X
      MOV  S,AX             ;保存结果
      MOV  S+2,DX
      MOV  AH,4CH           ;返回DOS
      INT  21H
CODE  ENDS
      END  START            ;汇编结束
```

15.4 分支结构程序设计

1. 实验目的

（1）理解汇编语言程序的格式，熟悉分支结构程序设计的基本方法。

（2）掌握用编辑软件建立、修改源程序的方法，进一步熟悉对汇编语言程序进行汇编、连接形成可执行文件的过程。

（3）熟悉典型的转移类指令功能及其应用。

（4）理解在无符号数和带符号数比较大小的环境下所采用的转移指令有何区别。

2. 实验内容及要求

（1）在数据区中定义 3 个带符号字节变量并赋初值，要求将其中的最大数找出并送到 MAX 单元中。

（2）用编辑软件建立分支结构源程序，修改无误后存盘，进行汇编、连接，形成可执行文件。

（3）将可执行文件用 DEBUG 程序运行，检查该程序的运行结果。

3. 编程思路

该题目采用分支程序设计方法，为了实现指定功能，应从以下三方面加以考虑：

（1）初始化数据存储区：在内存设置 3 个字节变量和 1 个 MAX 单元，分别保存 3 个字节数据和最终结果。

（2）对给定的 3 个数据进行比较：先将第 1 个数送到 AL 寄存器，与第 2 个数进行比较，两个数据中的大数送 AL 保存，然后再与第 3 个数进行比较，大数依然保存在 AL 中，这样两

两比较后，AL 的内容就是 3 个数中的最大数，将其送到 MAX 单元中即可。

（3）程序中要确定带符号数比较大小转移时应选择哪一组条件转移指令，以满足题目要求。

4. 实验参考程序

本实验的参考程序设计如下：

```
DATA      SEGMENT                        ;数据段定义
    X     DB    -100                     ;定义X为字节变量,赋初值-100
    Y     DB    200                      ;定义Y为字节变量,赋初值200
    Z     DB    50                       ;定义Z为字节变量,赋初值50
    MAX   DB    ?                        ;定义MAX为字节变量,预留空间
DATA ENDS
CODE      SEGMENT                        ;代码段定义
          ASSUME   DS:DATA,CS:CODE
START:    MOV     AX,DATA                ;初始化DS
          MOV     DS,AX
          MOV     AL,X                   ;取X到AL中
          CMP     AL,Y                   ;X和Y比较
          JG      NEXT                   ;如X>Y转NEXT
          MOV     AL,Y                   ;否则Y保存到AL中
          CMP     AL,Z                   ;Y和Z比较
          JG      EXIT                   ;如Y>Z转EXIT
          MOV     AL,Z                   ;否则Z保存到AL中
          JMP     EXIT                   ;无条件跳转至EXIT
NEXT:     CMP     AL,Z                   ;X和Z比较
          JG      EXIT                   ;如X>Z转EXIT
          MOV     AL,Z                   ;否则Z保存到AL中
EXIT:MOV      MAX,AL                     ;最后结果AL中内容送MAX单元
          MOV     AH,4CH                 ;返回DOS
          INT     21H
CODE      ENDS
          END     START                  ;汇编结束
```

15.5　单循环结构程序设计

1. 实验目的

（1）掌握在若干无符号字节整数数组中找出最大数和最小数的程序设计方法，注意数组指针的应用。

（2）熟悉单循环结构的程序设计方法，注意循环初始值设置和退出循环的条件。

（3）熟悉循环指令的功能及其应用。

（4）通过设计、调试较为复杂的汇编语言程序，进一步熟悉常用程序设计的方法、步骤和设计技术。

2. 实验内容及要求

（1）在内存 BUF 单元开始存放有 10 个无符号的字节整数，从该数组中找出最大数和最小数，将其值分别保存在内存的 MAX 和 MIN 单元中。

（2）注意数组中每个数据地址的变化，合理选用相关指令。

（3）编制、汇编、连接、运行该汇编语言源程序，并在机器上进行调试，对程序完成的功能进行分析，观察运行结果。

3．编程思路

本题要求掌握单循环程序设计的方法，为了实现相关功能，应从以下三方面加以考虑：

（1）确定数组中数据的起始地址，采用地址指针的变化进行合理的指向。

（2）设置单循环结构程序中的初始入口、循环体、判断条件等。

（3）由于已知循环次数，可确定采用计数器，选择 LOOP 指令实现规定功能。

4．实验参考程序

本实验的参考程序设计如下：

```
DATA    SEGMENT
        BUF DB   10,23,2,28,100,10,37,1,45,67;设定 10 个原始数据
        MAX DB  ?                              ;预留保存最大数单元
        MIN DB  ?                              ;预留保存最小数单元
DATA    ENDS
CODE    SEGMENT
        ASSUME  DS:DATA,CS:CODE
START:  MOV  AX,DATA
        MOV  DS,AX
        MOV  SI,0                              ;内存单元地址指针清 0
        MOV  CX,10                             ;给定计数初始值
        MOV  AH,BUF[SI]                        ;取第 1 个数分别保存到 AH、AL
        MOV  AL,BUF[SI]
        DEC  CX                                ;计数器减 1
LP:     INC  SI                                ;地址加 1
        CMP  AH,BUF[SI]                        ;两数比较
        JAE  BIG                               ;大于转 BIG
        MOV  AH,BUF[SI]                        ;否则，保存较大值至 AH
BIG:    CMP  AL,BUF[SI]                        ;两数比较
        JBE  NEXT                              ;小于转 NEXT
        MOV  AL,BUF[SI]                        ;否则，保存较小值至 AL
NEXT:   LOOP LP                                ;（CX）-1≠0 转 LP
        MOV  MAX,AH                            ;保存最大数至内存 MAX 单元
        MOV  MIN,AL                            ;保存最小数至内存 MIN 单元
        MOV  AH,4CH                            ;返回 DOS
        INT  21H
CODE    ENDS
        END  START
```

📚 15.6 双重循环结构程序设计

1．实验目的

（1）掌握双重循环结构程序设计的编程技巧。

（2）掌握数组排序程序的特点和设计方法。

（3）熟悉典型指令的功能及其应用。

2. 实验内容及要求

（1）在内存中开辟一个首地址为 BUF 的数据存储区，该存储区中存有若干个无符号字节数据的数组。

（2）要求编写程序将该数组中的数据按从小到大的顺序排列出来，排序后的结果仍放回原存储位置。

3. 编程思路

利用双重循环程序设计实现数组中数据的排序，应从以下几方面加以考虑：

（1）由于数组排序的方法有直接插入法、冒泡法和选择法等，可按题目要求合理选择一种排序算法。

（2）确定操作过程中使用的数据指针。

（3）确定双重循环程序的结构。

本程序采用冒泡法来设计，基本思路是：在地址 BUF 开始的内存区中存放有 N 个元素组成的字节数组，将第 1 个存储单元中的数据与其后 $N-1$ 个存储单元中的数据逐一进行比较，如果数据的排列次序符合要求（即第 i 个数小于第 $i+1$ 个数）可不做任何操作；否则两数交换位置。

经过第 1 轮的 $N-1$ 次比较，N 个数据中的最小数放到了第 1 个存储单元中。

第 2 轮处理时，将第 2 个存储单元中的数据与其后的 $N-2$ 个存储单元中的数据逐一比较，每次比较后都把小数放到第 2 个存储单元中，经过 $N-2$ 次比较后，N 个数据中的第 2 个小数存入了第 2 个存储单元中。

依此类推，做同样的操作，当最后两个存储单元中的数据比较完毕后，就完成了 N 个数据从小到大的排序。

4. 实验参考程序

本实验的参考程序设计如下：

```
DATA SEGMENT
        BUF  DB  23H,09H,14H,53H,67H,89H,4FH,20H,0A5H,10H
        CN   EQU $-BUF
DATA    ENDS
CODE    SEGMENT
        ASSUME  CS:CODE,DS:DATA
START:  MOV     AX,DATA              ;初始化 DS
        MOV     DS,AX
        MOV     CX,CN-1              ;外循环次数送计数器 CX
LP1:    MOV     SI,0                ;数组起始下标 0 送 SI
        PUSH    CX                  ;外循环计数器入栈
LP2:    MOV     AL,BUF[SI]          ;将 BUF[SI]中数据取出送 AL
        CMP     AL,BUF[SI+1]        ;BUF[SI]和 BUF[SI+1]比较
        JLE     NEXT                ;小于或等于转 NEXT
        XCHG    AL,BUF[SI+1]        ;否则，两数交换位置
        MOV     BUF [SI],AL
NEXT:   INC     SI                  ;数组下标加 1
        LOOP    LP2                 ;内循环(CX)-1≠0 转 LP2
        POP     CX                  ;否则，退出内循环,CX 出栈
        LOOP    LP1                 ;外循环(CX)-1≠0 转 LP1
```

	MOV	AH,4CH	;返回 DOS
	INT	21H	
CODE	ENDS		
	END	START	;汇编结束

15.7 子程序结构程序设计

1. 实验目的

（1）掌握子程序结构程序设计的编程技巧。

（2）掌握子程序的数据传递特点和设计方法。

（3）熟悉子程序的调用及返回。

2. 实验内容

用子程序调用的方式完成 0～9 的 BCD 数累加，并在屏幕上显示其处理结果。

3. 编程思路

将显示输出部分设计成子程序，主程序、子程序在同一段，通过寄存器 AL 传递参数。用压缩 BCD 数进行加法和调整处理，在显示中分开处理十位和个位并调用同一个显示子程序。

4. 实验参考程序

本实验的参考程序设计如下：

```
CODE SEGMENT
        ASSUME CS:CODE
START:   MOV     CX,9            ;计数器赋初值
         XOR     BL,BL          ;对 BL 寄存器清 0
         MOV     AL,BL          ;对 AL 寄存器清 0
A1:      INC     BL             ;BL 寄存器加 1
         ADD     AL,BL          ;实现累加功能
         DAA                    ;压缩 BCD 数调整
         LOOP A1                ;(CX)-1≠0 转 A1
         CALL DISP              ;调显示子程序
         MOV     AH,4CH         ;返回 DOS
         INT     21H
DISP  PROC NEAR                 ;定义子程序
         PUSH CX                ;保护现场
         PUSH DX
         MOV     CL,4           ;寄存器 CL 初值为 4
         MOV     DL,AL
         SHR     DL,CL          ;处理累加结果的十位
         ADD     DL,30H
         MOV     AH,02H
         INT     21H            ;显示 BCD 数的十位
         AND     AL,0FH         ;处理累加结果的个位
         ADD     AL,30H
         MOV     DL,AL
         MOV     AH,02H         ;显示 BCD 数的个位
         INT     21H            ;恢复现场
```

```
        POP     DX
        POP     CX
        RET                              ;返回主程序
DISP ENDP
        CODE ENDS
        END     START                    ;汇编结束
```

15.8 DOS 功能调用实验

1. 实验目的

（1）掌握 DOS 系统功能调用 INT 21H 中 01H 和 09H 号的功能及应用。

（2）熟悉大小写字母在计算机内的表示方法，注意两者之间的转换。

（3）掌握键盘中断调用程序的编程方法。

2. 实验内容及要求

（1）设计 DOS 功能调用程序，实现从键盘接收输入的小写字母；并将小写字母转变为大写字母，存放到内存指定区域中。

（2）键盘输入若遇到回车符时表示本次输入结束。

（3）当从键盘输入【Ctrl+C】键时，表示程序运行结束。

3. 编程思路

该题目要求将输入的小写字母转换为大写字母，以回车表示本次输入结束，然后继续下一个字符串的输入，按【Ctrl+C】键结束程序的运行。

编程思路：

（1）通过 DOS 系统功能调用 INT 21H 的 01H 号功能接收相应按键的 ASCII 码，因此，先要判断输入的字符是否为【Ctrl+C】键，若是则结束程序。

（2）若输入字符不是【Ctrl+C】键时，就判断是否为【Enter】键，若是【Enter】键则转下一个字符串的输入。

（3）若输入的不是【Enter】键，则判断输入的字符是否为小写字母，若是则将其转换为大写字母，然后把字符存入指定缓冲区，准备接收下一个字符。

（4）程序结束前显示转换后的结果。

4. 实验参考程序

本实验的参考程序设计如下：

```
DATA SEGMENT
    BUF  DB  80 DUP(?)                   ;定义输入字符存储区
DATA ENDS
CODE SEGMENT
    ASSUME  DS:DATA,CS:CODE
START:MOV  AX,DATA                       ;初始化 DS
    MOV    DS,AX
    MOV    BX,OFFSET  BUF                 ;BX 指向字符缓冲区首单元
LP: MOV    SI,0                           ;SI 中送偏移量 0
LP1: MOV   AH,01H                         ;接收键盘输入的按键
    INT    21H
    CMP    AL,03H
    JZ     EXIT                           ;若是 Ctrl+C,则转程序结束
```

```
        CMP      AL,0DH
        JZ       NEXT1                    ;若是 Enter 键,则转 NEXT1
        CMP      AL,61H
        JB       NEXT
        CMP      AL,7AH
        JA       NEXT                     ;接收按键不是小写字母时转 NEXT
        SUB      AL,20H                   ;否则,按的 ASCII 码减 20H
NEXT:MOV         [BX+SI],AL               ;AL 中内容送字符缓冲区
        INC      SI                       ;指针调整
        JMP      LP1                      ;转 LP1 处接收下一个字符
NEXT1:MOV        [BX+SI],AL
        MOV      AL,0AH                   ;字符串结尾送换行符
        MOV      [BX+SI+1],AL
        MOV      AL,'$'                   ;送字符$
        MOV      [BX+SI+2],AL
        MOV      DL,0AH                   ;输出回车换行
        MOV      AH,02H
        INT      21H
        MOV      DL,0DH
        INT      21H
        MOV      DX,BX
        MOV      AH,09H                   ;显示输入的字符串
        INT      21H
        JMP      LP                       ;转 LP 处接收下一个字符串
EXIT:MOV         AH,4CH                   ;返回 DOS
        INT      21H
CODE ENDS
        END      START                    ;汇编结束
```

5. 补充实验题

（1）题目要求：从键盘输入 3~9 之间的数字，用"*"号组成一个三角形图案，如输入数字 7，屏幕上应显示出以下图案。

```
* * * * * * *
* * * * * *
* * * * *
* * * *
* * *
* *
*
```

（2）解题思路：本题采用双重循环程序结构，外循环控制行数，内循环控制列数。程序中用到 DOS 功能调用指令 INT 21H，其中 01H 子功能实现从键盘输入一个字符并在显示器上显示出来，该字符的 ASCII 码由 AL 寄存器保存，02H 子功能实现在屏幕上显示一个字符，该字符的 ASCII 码由 DL 寄存器保存。

注意： 从键盘送入的数字 3~9 在机器内部是以该数字的 ASCII 码 30H~39H 形式来表示的。

（3）源程序设计如下：

```
CODE SEGMENT                             ;定义代码段
ASSUME CS:CODE
START:   MOV AH,01H                      ;DOS 功能调用,键盘输入 1 个数字至 AL
    INT 21H
```

```
        CMP  AL,33H              ;与数字 3 的 ASCII 码比较
        JB   START              ;低于转 START
        CMP  AL,39H              ;与数字 9 的 ASCII 码比较
        JA   START              ;高于转 START
        SUB  AL,30H              ;将 ASCII 码转换为数字
        MOV  CL,AL              ;数字保存至 AL 中
        MOV  CH,0               ;CH 清 0
        MOV  DL,0DH             ;输出回车，CR 的 ASCII 码是 0DH
        MOV  AH,02H
        INT  21H
        MOV  DL,0AH             ;输出换行，LF 的 ASCII 码是 0AH
        INT  21H
AA:     PUSH CX                 ;压栈操作，保存循环次数
BB:     MOV  DL,'*'             ;输出字符'*'
        MOV  AH,02H
        INT  21H
        LOOP BB                 ;内循环跳转
        MOV  DL,0DH             ;输出回车
        INT  21H
        MOV  DL,0AH             ;输出换行
        INT  21H
        POP  CX                 ;弹出堆栈，恢复现场
        LOOP AA                 ;外循环跳转
EXIT:MOV AH,4CH                 ;返回 DOS
        INT  21H
CODE ENDS
        END  START              ;汇编结束
```

15.9 高级汇编程序设计实验

1. 实验目的

（1）熟悉宏指令的定义及宏调用、宏展开的特点和使用过程。

（2）掌握重复汇编和概念及其应用。

2. 实验内容及要求

（1）利用重复汇编和宏汇编设计 DOS 调用程序。

（2）实现将内存缓冲区中保存的 0～9 自然数逐行输出。

3. 编程思路

（1）该题目要求将内存中保存的 0～9 自然数的 ASCII 码在屏幕上输出显示。

（2）每输出一个字符要求换行处理。

（3）用重复汇编实现产生 0～9 自然数所对应的 ASCII 码。

（4）用宏汇编实现回车换行的调用。

（5）通过循环程序实现在屏幕上输出单个数字字符的结果。

4. 实验参考程序

本实验的参考程序设计如下：

```
DATA SEGMENT
```

```
                    AA=30H                          ;设定变量AA初值
                    REPT 10                         ;重复汇编，产生数字的ASCII码
                    DB AA                           ;定义字节数据
                    AA=AA+1                         ;变量AA加1
                    ENDM
       DATA ENDS
           CRLF MACRO                               ;宏汇编，实现回车换行
                    MOV     AH,02H
                    MOV     DL,0DH                  ;输出回车
                    INT     21H
                    MOV     DL,0AH                  ;输出换行
                    INT     21H
           ENDM
       CODE SEGMENT
                    ASSUME CS:CODE,DS:DATA
       START:   MOV AX,DATA
                    MOV DS,AX
                    MOV CX,10                       ;取10个数计数
                    MOV BX,[0000]                   ;取数据首地址
        QQ: MOV AL, [BX]
                    MOV DL,AL
                    MOV AH,02H                      ;输出单个数字字符
                    INT 21H
                    INC BX                          ;地址加1
                    CRLF                            ;宏指令调用
                    LOOP QQ                         ;循环处理
                    MOV AH,4CH                      ;返回DOS
                    INT 21H
           CODE ENDS
               END START
```

15.10 存储器扩展实验

1. 实验目的

（1）采用2732 EPROM芯片组成8KB×16位的ROM存储器系统。

（2）说明对存储器容量进行扩充的基本方法。

（3）设计存储器系统连接图，分析地址的分配情况。

2. 实验内容及要求

（1）给定两片2732 EPROM组成8K×16存储器并和系统总线连接。使用时注意2732 EPROM芯片是以字节宽度输出，因此，要用两片存储芯片组合后才能存储16位指令字。

（2）给定地址译码器、门电路、8位数据线、16位地址线、系统读/写控制信号 $\overline{RD}/\overline{WR}$。存储器访问控制信号 MERQ 低电平有效。与2732芯片构成存储器系统，在实验台上进行系统的连接和调试。

3. 实验原理

（1）存储器与CPU的连接。

采用两片 2732 EPROM 组成 8K×16 存储器和系统连接示意如图 15-5 所示。

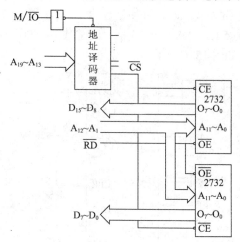

图 15-5　8K×16 位 ROM 存储器系统连接示意图

（2）工作原理分析。

在图 15-5 中，位于上面的一片 2732 代表高 8 位存储体，下面的一片 2732 代表低 8 位存储体。为了寻址 8 KB 存储单元，一共需 12 条地址线（$A_{12} \sim A_1$）。两片 2732 EPROM 在总线上并行寻址。其余 7 条高位地址线（$A_{19} \sim A_{13}$）用来译码产生片选信号 CS。两片 2732 的 $\overline{CE}$ 端连接到同一个片选信号。

12 条地址线 $A_{12} \sim A_1$ 作为 8 KB ROM 的片内寻址，其余 7 条高位地址线（$A_{19} \sim A_{13}$）经译码器译码后可输出 128 个片选信号线。采用全译码方式时，128 个片选信号线全部用上，可寻址 128×8 KB（即 1 MB）的存储器。

当译码地址未用满时，可留作系统扩展。图中 M/$\overline{IO}$ 信号线的作用是可以确保只有当 CPU 要求与存储器交换数据时才会选中该存储器系统。

15.11　8253 定时器/计数器编程实验

1. 实验目的

（1）掌握可编程定时器/计数器接口芯片 8253 的编程方法。

（2）采用 8253 控制一个 LED 发光二极管的点亮和熄灭，点亮 10 s 后再熄灭 10 s，并重复上述过程。

（3）考虑系统的线路连接及 8253 的初始化编程。

2. 实验内容及要求

在试验装置上，通过对可编程定时器/计数器接口芯片 8253 的编程，实现发光二极管的点亮和熄灭控制。

（1）在 8086 系统中，定时器/计数器 8253 的各端口地址为 81H、83H、85H 和 87H，提供时钟频率为 2 MHz。

（2）当计数频率为 2 MHz 时，计数器的最大计数值 65 536，所以最大定时时间为 0.5 μs×65 536=32.768 ms，由于题目要求 20 s 的重复操作，因此，可采用两个计数器级联来解决。

（3）将 2 MHz 的时钟信号直接加在 8253 的 CLK_0 输入端，并让计数器 0 工作在方式 2，选择计数初始值为 5000，则从 OUT$_0$ 端可得到频率为 2 MHz/5000=400 Hz 的脉冲，周期为 0.25 ms。再将该信号连到 CLK$_1$ 输入端，并使计数器 1 工作在方式 3 下，为了使 OUT$_1$ 输出周期为 20 s（频率为 1/20=0.05 Hz）的方波，应取时间常数 N_1=400Hz/0.05 = 8000。

该系统硬件连接示意如图 15-6 所示。

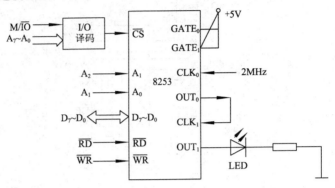

图 15-6　8253 应用硬件连接示意图

3．实验参考程序

本实验对 8253 的初始化程序段设计如下：

```
MOV  AL,00110101B        ;写 8253 计数器 0 控制字,方式 2,BCD 计数
OUT  87H,AL              ;通过端口地址 87H 写入
MOV  AL,00H              ;送计数器初始值低 8 位 00H
OUT  81H,AL              ;通过端口地址 81H 写入
MOV  AL,50H              ;送计数器初始值高 8 位 50H
OUT  81H,AL              ;通过端口地址 81H 写入
MOV  AL,01110111B        ;写 8253 计数器 1 控制字,方式 3,BCD 计数
OUT  87H,AL              ;通过端口地址 87H 写入
MOV  AL,00H              ;送计数器初始值低 8 位 00H
OUT  83H,AL              ;通过端口地址 83H 写入
MOV  AL,80H              ;送计数器初始值高 8 位 80H
OUT  83H,AL              ;通过端口地址 83H 写入
```

备注：本系统完整的实验程序可根据实际需求由读者自行设计，此处略。

15.12　8255A 并行通信实验

1．实验目的

（1）熟悉 8255A 并行 I/O 接口芯片的基本工作原理和编程方法。

（2）掌握通过并行 I/O 端口进行数字量输入/输出的基本方法。

2．实验内容及要求

（1）在甲乙两台微机之间并行传送 1 KB 的数据。甲机发送在数据段中从 DAT1 单元开始的 1K 个字节数据，乙机接收后存放在数据段的 DAT2 开始的 1K 个字节单元中。

（2）甲机一侧的 8255A 的 A 口采用方式 1 工作，乙机一侧的 8255A 的 A 端口采用方式 0 工作。

（3）两台微机的 CPU 与接口之间都采用查询方式交换数据。

（4）两台微机的 8255A 端口的地址都为 300~303H。

3．实验原理

（1）硬件电路的连接。

根据题目要求，甲机 8255A 是方式 1 发送，因此 PA 口规定为输出，发送数据，而 PC_7 和 PC_6 引脚分别固定作联络信号线 $\overline{OBF}$ 和 $\overline{ACK}$。乙机 8255A 是方式 0 接收，故把 PA 口定义为输入，接收数据，而选用引脚 PC_4 和 PC_0 作联络信号。

接口电路连接如图 15-7 所示。

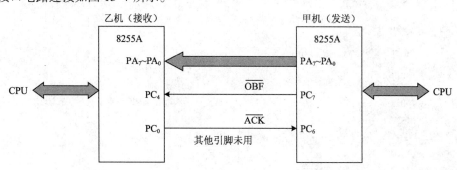

图 15-7 双机并行传送硬件连接示意图

（2）程序设计思路。

① 甲机发送程序设计：初始化 PA 口为方式 1 输出，做好循环准备工作，即 BX 指向数据区 DAT1 单元，发送字节数送 CX 寄存器；向 A 口发送一个字节，并修改内存地址和计数器的值；检测 PC_0 是否有效（高电平 1），否则继续检测；$PC_0=1$ 时向 A 口发送下一个字节；然后修改地址指针和计数器值；当计数器为 0 时退出，否则继续传送。

② 乙机接收程序设计：初始化 PA 口为方式 0 输入，$\overline{ACK}=1$（$PC_0=1$）；做好循环准备工作，即 BX 指向数据区 DAT2 单元，发送字节数送 CX 寄存器；检测信号 $\overline{OBF}$ 是否有效（即判断 $PC_4=0$ 否），无效时继续检测；当 $PC_4=0$ 后，从 A 口接收数据送到内存中；然后发出应答信号 ACK（PC_0 由 $0\rightarrow1$），修改地址指针和计数器值；直到计数器为 0 时退出，否则继续传送。

4．实验参考程序

（1）甲机发送程序设计如下：

```
DATA SEGMENT
        DAT1    DB 41H,43H,12H,0AH…      ;定义1KB数据
DATA    ENDS
CODE    SEGMENT
    ASSUME  CS:CODE,DS:DATA
START:  MOV     AX,DATA
        MOV     DS,AX
        MOV     DX,303H                  ;取8255A控制寄存器端口地址
        MOV     AL,10100000B             ;控制字内容送AL
        OUT     DX,AL                    ;写控制字寄存器
        MOV     AL,0DH                   ;PC₆置1
        OUT     DX,AL
        MOV     BX,OFFSET DAT1           ;BX指向数据首单元
```

```
        MOV     CX,1024                     ;传输字节数送 CX
        MOV     DX,300H                     ;向 A 口写第一个数
        OUT     DX,AL
        INC     BX                          ;指针调整
        DEC     CX                          ;计数器减 1
LP:     MOV     DX,302H                     ;C 口地址送 DX
        IN      AL,DX                       ;读 C 口内容
        AND     AL,08H                      ;检测状态字的 INTR=1?
        JZ      LP                          ;不为 1,数据未取走,继续等待
        MOV     DX,300H                     ;否则发送下一个数据
        MOV     AL,[BX]
        OUT     DX,AL
        INC     BX                          ;调整地址指针
        DEC     CX                          ;计数器减 1
        JNZ     LP                          ;不为 0 继续发送下一个字节数据
        MOV     AH,4CH
        INT     21H                         ;否则退出程序
CODE    ENDS
        END     START
```

（2）乙机接收程序设计如下：

```
DATA    SEGMENT
    DAT2    DB 1024 DUP(?)                  ;定义 1KB 单元为输入缓冲区
DATA    ENDS
CODE    SEGMENT
    ASSUME  CS:CODE, DS:DATA
START:  MOV     AX,DATA
        MOV     DS,AX                       ;段寄存器初始化
        MOV     DX,303H                     ;取 8255A 控制寄存器端口地址
        MOV     AL,10011000B                ;控制字内容送 AL
        OUT     DX,AL                       ;写控制字寄存器
        MOV     AL,01H
        OUT     DX,AL
        MOV     BX,OFFSET DAT2              ;BX 指向数据的首单元
        MOV     CX,1024                     ;传输字节数送 CX
LP:     MOV     DX,302H                     ;C 口地址送 DX
        IN      AL,DX                       ;读 C 口内容
        TEST    AL,10H                      ;检测甲机的 PC4=0?
        JNZ     LP                          ;不为 0,无数据发来,继续等待
        MOV     DX,300H                     ;有数据发来,从 A 口读入数据
        IN      AL,DX
        MOV     DX,303H
        MOV     AL,00H                      ;PC0 置 0
        OUT     DX,AL
        NOP                                 ;空操作,等待
        NOP
        NOP
        NOP
        MOV     AL,01H                      ;PC0 置 1
        OUT     DX,AL
```

	INC	BX	;调整地址指针
	DEC	CX	;计数器减 1
	JNZ	LP	;不为 0 继续接收下一个字节数据
	MOV	AH,4CH	
	INT	21H	;否则退出程序
CODE	ENDS		
	END	START	;汇编结束

15.13　8251A 串行通信实验

1．实验目的

（1）了解串行通信的基本知识。

（2）掌握 8251A 的编程方法。

（3）学习通信程序的设计。

2．实验内容及要求

（1）通过 PC 串口实现 8251A 的异步通信实验。

（2）给定 8251A 的控制和状态端口地址为 242H，数据端口地址为 240H。

（3）采用异步通信方式：7 位数据位，奇校验，1 位停止位，通信速率为 1200 波特（波特因子为 16）。

（4）采用查询方式输入 100 个字符，将字符存放在以 BUF 开始的单元中。

（5）串行通信系统要求以 1200 波特率发送 1 个字符。字符格式为：7 个数据位、1 个停止位、采用偶校验。

（6）用 8251A 并行接口芯片完成上述任务，编程实现该功能。

备注：本题的实验系统硬件连接和实验程序由读者根据实验环境自行设计，此处略。

15.14　DMA 传送控制实验

1．实验目的

（1）掌握 DMA 传送方式的工作原理和 DMA 控制器 8237A 的编程使用方法。

（2）熟悉如何在 PC 环境下进行 DMA 方式的数据传送。

2．实验内容及要求

（1）使用 PC 内的 DMA 控制器 8237A，形成 4 个 DMA 通道，提供数据宽度为 8 位的 DMA 传输。使用固定优先级，通道 0 优先级最高，通道 3 最低。

4 个 DMA 通道的功能分配如下：

- 通道 0：用于动态 RAM 的刷新。
- 通道 1：为用户保留。
- 通道 2：用于软盘 DMA 传送。
- 通道 3：用于硬盘 DMA 传送。

（2）系统采用固定优先级，即动态 RAM 刷新的优先权最高。4 个 DMA 请求信号中，只有 DREQ$_0$ 是和系统板相连的，DREQ$_1$~DREQ$_3$ 几个请求信号都接到总线扩展槽的引脚上，由对应的软盘接口板和网络接口板提供。同样，DMA 应答信号 $DACK_0$ 送往系统板，而 $DACK_1 \sim DACK_3$ 信号则送往扩展槽。

（3）在 PC 中进行 DMA 传输时，先要对 8237A 进行编程。该例中的 8237A 对应端口地址为 0000H~000FH，在下面的程序中采用标号 DMA 来代表首地址 0000H。

3. 实验参考程序

对 8237A 初始化及测试的参考程序段设计如下：

```
        MOV     AL,4            ;设置4个DMA请求信号
        MOV     DX,DMA+8        ;DMA+8为控制寄存器的端口号
        OUT     DX,AL          ;输出控制命令,关闭8237A
        MOV     AL,0           ;AL清0
        MOV     DX,DMA+0DH      ;DMA+0DH为主清除命令端口号
        OUT     DX,AL          ;发送主清除命令
        MOV     DX,DMA         ;DMA为通道0的地址寄存器对应端口号
        MOV     CX,4           ;设计数初值
WRITE:  MOV     AL,0FFH
        OUT     DX,AL          ;写入地址低位
        OUT     DX,AL          ;写入地址高位
        INC     DX
        INC     DX             ;指向下一通道
        LOOP    WRITE          ;使4个通道地址寄存器均为FFFFH
        MOV     DX,DMA+0BH      ;DMA+0BH为模式寄存器的端口
        MOV     AL,58H
        OUT     DX,AL          ;设置通道0:字节传送,地址加1,自动预置
        MOV     AL,42H
        OUT     DX,AL          ;设置通道2模式
        MOV     AL,43H
        OUT     DX,AL          ;设置通道3模式
        MOV     DX,DMA+8        ;DMA+8为控制寄存器的端口号
        MOV     AL,0
        OUT     DX AL          ;设置控制命令:DACK低电平有效,
                               ;DREQ高电平有效,固定优先级
        MOV     DX,DMA+0AH      ;DMA+0AH为屏蔽寄存器的端口号
        OUT     DX,AL          ;通道0清除屏蔽
        MOV     AL,01
        OUT     DX,AL          ;通道2清除屏蔽
        MOV     AL 01
        OUT     DX,AL          ;通道1清除屏蔽
        MOV     AL,03
        OUT     DX,AL          ;通道3清除屏蔽
```

对通道 1~3 的地址寄存器值进行测试：

```
        MOV     DX,DMA+2        ;DMA+2为通道1地址寄存器端口
        MOV     CX,0003
READ:IN AL,DX          ;读字节低位
        MOV     AH,AL
        IN      AL,DX          ;读字节高位
        CMP     AX,0FFFFH      ;比较读取的值和写入的值是否相等
        JNZ     STOP           ;不等,转STOP
        INC     DX
        INC     DX             ;指向下一个通道
```

```
    LOOP    READ            ;测试下一个通道
    ...                     ;后续测试
STOP:HLT                    ;出错则停机等待
```

15.15 8259A 中断控制器编程实验

1. 实验目的

（1）掌握 8259A 中断控制器的工作原理，熟练运用 8259A 的控制字。

（2）设计系统电路的连接方法，实现主、从两片 8259A 构成的硬件中断管理功能。

（3）掌握 8259A 的初始化编程方法。

2. 实验内容及要求

（1）硬件中断管理由主、从两片 8259A 构成，主片和从片的中断请求信号均采用边沿触发，一般完全嵌套方式。

（2）设置优先权排列顺序为 IRQ_0、IRQ_1、$IRQ_8 \sim IRQ_{15}$、$IRQ_3 \sim IRQ_7$。

（3）给定主 8259A 的端口地址为 20H 和 21H，从 8259A 端口地址为 0A0H 和 0A1H。

3. 实验原理

（1）本题中硬件中断管理由主、从两片 8259A 构成，共 15 级向量中断。主 8259A 的端口地址为 20H 和 21H，从 8259A 端口地址为 0A0H 和 0A1H。

（2）主片和从片的中断请求信号均采用边沿触发，一般完全嵌套方式，优先权排列顺序为 IRQ_0、IRQ_1、$IRQ_8 \sim IRQ_{15}$、$IRQ_3 \sim IRQ_7$。

（3）从片的中断请求 INT 输出与主片的中断请求输入端 IR_2 相连，其中 $IRQ_0 \sim IRQ_7$ 对应的中断类型号为 08H~0FH，$IRQ_8 \sim IRQ_{15}$ 对应的中断类型号为 70H~77H。

系统硬件电路设计如图 15-8 所示。

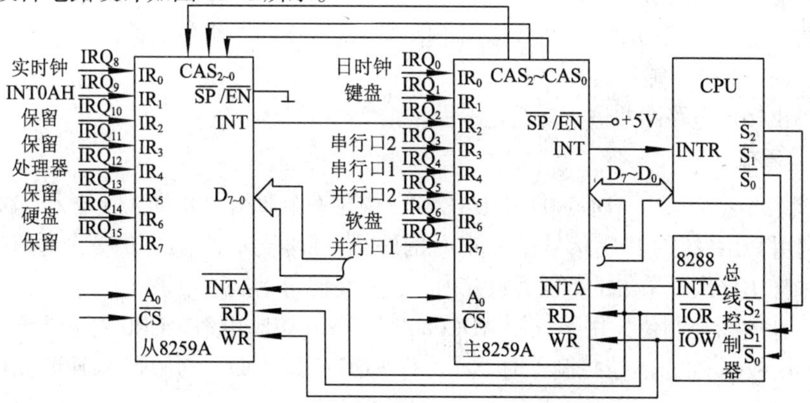

图 15-8 两片 8259A 硬件连接示意图

4. 实验参考程序

对主 8259A 和从 8259A 的初始化程序如下：

（1）初始化主 8259A

```
MOV  AL,11H              ;ICW₁,边沿触发,设置 ICW₄,级联
OUT  20H,AL              ;写入主 8259A 端口地址 20H
MOV  AL,08H              ;ICW₂,设置中断类型号,起始中断号为 08H
```

```
    OUT    21H,AL              ;写入主 8259A 端口地址 21H
    MOV    AL,04H              ;ICW₃,从 8259A 的 INT 端接到主 8259A 的 IR₂
    OUT    21H,AL
    MOV    AL,01H              ;ICW₄,非缓冲方式,非自动中断结束,一般完全嵌套
    OUT    21H,AL
```

（2）初始化从 8259A

```
    MOV    AL,11H              ;ICW₁,设置 ICW₄,多片级联,边沿触发
    OUT    0A0H,AL             ;写入从 8259A 端口地址 0A0H
    MOV    AL,70H              ;ICW₂,设置从 8259A 的中断类型号,起始中断号为 70H
    OUT    0A1H,AL             ;写入从 8259A 端口地址 0A1H
    MOV    AL,02H              ;ICW₃,设置从 8259A 的地址,接主片的 IR₂
    OUT    0A1H,AL
    MOV    AL,01H              ;ICW₄,非缓冲方式,非自动中断结束,一般完全嵌套
    OUT    0A1H,AL
```

15.16 数据采集系统实验

1. 实验目的

（1）利用 8255A、8253、ADC0809、DAC0832 等实现数据采集功能，掌握相关接口芯片与 PC 的连接方法。

（2）掌握数据采集程序的设计方法。

（3）采用中断方式来实现数据采集和时间定时。

2. 实验内容及要求

（1）在 PC 扩展槽上采用中断方式进行 8 路数据采集和单通道模拟量输出的接口电路系统，每 10 ms 采集 A/D 一次数据。

（2）每 100 ms 将采集的 10 组数据用排队的方法取中间 5 组数据进行平均，将平均值除以 16 后从 DAC0832 中输出。

（3）画出接口电路图并进行初始化编程。

3. 实验原理

（1）该系统要求采用 ADC0809 及 DAC0832 构建一个通用的 8 位 A/D 输入、D/A 输出的采集卡，利用 PC 系统的 IRQ₂ 信号作为 ADC 的外部中断信号，使 ADC 的 8 个通道循环采集，每个通道采样 100 次，采集的数据存放在内存，并在屏幕上显示结果。

（2）设计中断控制位，用于控制 ADC0809 的 EOC 中断申请，CPU 写入中断口 9FH 的数据为 0（用数据总线 D_7 位控制）时，不允许 EOC 申请中断，写数据 80H 时允许 EOC 申请中断。

（3）相关控制端口地址设计：ADC0809 输出允许（读数据）端口地址 1FH；ADC0809 启动转换端口地址 3FH；通道地址由数据总线低 3 位 $D_2 \sim D_0$ 编码产生，将通道选择和启动转换结合起来完成，所以口地址也为 3FH；DAC0832 使能地址 5FH；中断申请端口地址 9FH；地址译码功能由 74LS138 译码器和相关门电路完成。

（4）根据题目要求画出实现该系统功能的电路原理，如图 15-9 所示。其中，DAC0832 为单极性输出，也可根据要求变换为双极性输出。

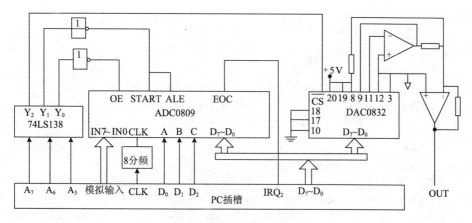

图 15-9 数据采集系统连接示意

4．实验参考程序

由于 D/A 变换程序比较简单，只需向 5FH 端口写一个数据就可以了，所以下面程序是为进行 A/D 变换的数据采集程序。程序中对 8 个通道采集数据，每个通道采集数据 100 个，数据放在 BUFF 开始的存储区。

参考程序设计如下：

```
STACKSEGMENT  STACK    'STACK'            ;堆栈段定义
            DW   200  DUP（?）
STACK       ENDS
DATA        SEGMENT                        ;数据段定义
            INT0A_OFF DW ?                 ;保存原中断向量的偏移地址
            INT0A_SEG DW ?                 ;保存原中断向量的段地址
            BUFF    DB   1024 DUP(0)       ;数据缓冲区
            N=100                          ;每个通道采集次数
            ADCS EQU 3FH                   ;ADC 启动端口地址
            ADCD EQU 1FH                   ;ADC 数据端口地址
            DAC     EQU  5FH               ;DAC 启动端口地址
            INTE EQU 9FH                   ;中断申请端口地址
DATA        ENDS
CODE        SEGMENT                        ;代码段定义
            ASSUME  DS:DATA,CS:CODE,SS:STSCK
            ADC     PROC  FAR              ;定义过程调用
START:      MOV     AX,DS                  ;保护现场
            PUSH AX
            MOV     AX,0
            PUSH AX
            MOV     AX,DATA                ;初始化 DS
            MOV     DS,AX
INT:        MOV     AX,350AH               ;获取中断号为 0AH 的中断向量
            INT     21H
            MOV     INT0 A_OFF,BX          ;保存返回向量 ES、BX
            MOV     BX,ES
            MOV     INT0 A_SEG,BX
            CLI                            ;关中断
            MOV     AX,250AH               ;修改 0AH 中断向量
```

```
        MOV     DX,SEG NEWINT        ;DS、DX 指向新的中断服务程序
        MOV     DS, DX
        LEA     DX,NEWINT
        INT     21H
        IN      AL,21H               ;打开 8259A 的 IRQ₂
        AND     AL,0FBH
        OUT     21H,AL               ;写入 OCW₁
        MOV     AL,80H               ;允许 EOC 申请中断（D₇=1）
        OUT     INTE,AL
        MOV     DI,OFFSET  BUFF      ;内存首地址
        MOV     CL,08                ;ADC 通道数为 8 个
BEGIN1: MOV     DH,00                ;开始选择通道号 0
        MOV     CH,N                 ;每个通道采样次数
BEGIN:  MOV     AL,DH
        MOV     DX,ADCS              ;取 ADC 启动端口地址
        OUT     DX,AL                ;启动 ADC 转换,并选择通道号
        STI                          ;开中断
        HLT                          ;等待中断
        CLI                          ;关中断
        DEC     CH                   ;次数减 1
        JNZ     BEGIN                ;未完,继续
        INC     DH                   ;通道号加 1
        DEC     CL                   ;通道数减 1
        JNZ     BEGIN1               ;不到 8 个通道,返回
        MOV     AX,250AH             ;完成 8 个通道采集
        MOV     DX,INT0 A_SEG        ;DS、DX 指向原中断向量
        MOV     DS,DX
        MOV     DX,INT0A_OFF
        INT     21H
        IN      AL,21H               ;屏蔽 8259 的 IRQ₂
        OR      AL,04H
        OUT     21H,AL               ;写入 OCW₁
        MOV     AL,00H               ;禁止 EOC 申请中断
        MOV     DX,INTE
        OUT     DX,AL
        MOV     AH,4CH               ;返回 DOS
        INT     21H
        RET
ADC     ENDP                         ;过程调用结束
NEWINT  PROC FAR                     ;中断服务子程序
        MOV     AX,DATA              ;初始化 DS
        MOV     DS,AX
        CLI                          ;关中断
        MOV     DX,ADCD              ;取 ADC 数据端口地址
        IN      AL,DX                ;从 ADC0809 数据口读取数据
        NOP
        MOV     [DI],AL              ;保存数据
        AND     AL,0F0H              ;显示高位数据
        SHR     AL,04H
        CMP     AL,09H
```

```
          JA       HEX
          ADD      AL,30H
          JMP      NEXT
HEX:      ADD      AL,37H
NEXT:     MOV      DL,AL
          MOV      AH,02H
          INT      21H
          MOV      AL,[DI]
          AND      AL,0FH              ;显示低位数据
          CMP      AL,09H
          JA       HEX1
          ADD      AL,30H
          JMP      NEXT1
HEX1:     ADD      AL,37H
NEXT1:    MOV      DL,AL
          MOV      AH,02H              ;DOS 显示调用
          INT      21H
          MOV      DL,20H              ;显示空格
          INT      21H
          MOV      DL,20H
          MOV      AH,02H
          INT      21H
          INC      DI                  ;内存地址加 1
          MOV      AL,62H              ;中断结束
          OUT      20H,AL              ;写入 OCW₂
          STI
          IRET                         ;中断返回
          NEWINT   ENDP                ;子程序结束
CODE      ENDS
          END      START               ;汇编结束
```

该程序执行完毕后，所采集的 800 个数据存放在内存 BUFF 开始的数据区，同时在屏幕上显示结果。

模拟试题及参考答案 ‹‹‹

学习目的:

● 通过模拟测试,掌握微机原理与接口技术的基本知识和相关应用。

● 理解及分析各章主要知识点的具体应用。

● 熟悉程序设计的基本思路和解题方法。

● 能够编写给定题目的汇编语言源程序。

● 掌握并正确运用接口技术的有关知识。

模拟试题 1

一、填空题(20 分,每空 1 分)

1. 10101011B=_____H=_____D

2. 已知[X]补码=11010101B,其真值 X=_____D。

3. 计算机中的指令可分为_____、_____和_____。

4. 指令 MOV BX,0100H[BX+SI],源操作数采用的寻址方式是_____; 指令读取的是_____段的存储单元内容。

5. 8086 CPU 有两种外部中断请求线,分别是_____和_____。

6. 8086 CPU 用 20 条地址线寻址存储器,可访问的内存单元地址范围为_____。

7. 8086 CPU 内部结构由_____和_____两部分组成。

8. 某存储器芯片的存储容量为 32K × 8,则该芯片有_____个存储单元。

9. 虚拟存储器采用的物理结构是_____,主要作用是解决_____。

10. I/O 接口是微机系统的一种部件,它被设置在_____与_____之间。

11. 中断服务程序结束后,为了恢复现场,应该_____。

12. 给定波特率 300 bit/s,波特率因子为 16,则接收时钟和发送时钟的频率为_____。

二、单项选择题(20 分,每题 2 分)

1. 用来存放即将执行的指令的偏移地址的寄存器是(　　　)。
   A. SP　　　　　　　　B. BP　　　　　　　　C. CS　　　　　　　　D. IP

2. 下面 4 个标志中属于控制标志的是(　　　)。
   A. CF　　　　　　　　B. SF　　　　　　　　C. DF　　　　　　　　D. ZF

3. 给定 AL=80H,CL=02H,则 SAR AL,CL 指令执行后的结果是(　　　)。
   A. AL=40H　　　　　　　　　　　　　B. AL=20H
   C. AL=0C0H　　　　　　　　　　　　D. AL=0E0H

4. DOS 功能调用的子功能号存放在(　　　)寄存器中。

  A.　AH   B.　AL   C.　DH   D.　DL

5. 传送数据时，占用 CPU 时间最长的传送方式是（   ）。

  A.　中断   B.　DMA   C.　通道   D.　查询

6. 采用 DMA 方式的 I/O 系统中，其基本思想是在（   ）间建立直接的数据通道。

  A.　CPU 与外设   B.　主存与外设

  C.　外设与外设   D.　CPU 与主存

7. 响应 NMI 请求的必要条件是（   ）。

  A.　IF=1   B.　IF=0

  C.　无 INTR 请求   D.　一条指令结束

8. 中断向量可以提供（   ）。

  A.　被选中设备的起始地址   B.　传送数据的起始地址

  C.　中断服务程序的入口地址   D.　主程序的断点地址

9. 对于输入端口，应具有下面何种功能。（   ）

  A.　数据缓冲功能

  B.　数据锁存功能

  C.　具备缓冲功能和锁存功能中的任一种

  D.　同时具备数据缓冲功能和数据锁存功能

10. 8253 工作于方式 1 时，输出负脉冲的宽度等于（   ）。

  A.　计数初始值 N 个 CLK 脉冲宽度。

  B.　计数初始值 $N+1$ 个 CLK 脉冲宽度。

  C.　计数初始值 $N-1$ 个 CLK 脉冲宽度。

  D.　计数初始值 $(2N-1)/2$ 个 CLK 脉冲宽度。

三、简答题（20 分，每题 5 分）

1. 什么是程序控制传送方式？并简述其种类和特点。

2. 一般接口电路中应具有哪些电路单元？

3. 简要说明设计 A/D 转换接口电路时应考虑的问题。

4. 8259A 中断控制器的功能是什么？

四、应用题（10 分）

  为某计算机系统扩展 8KB 内存，采用 6264 芯片（容量为 8K×8），采用全地址译码方式，地址范围为 C0000H ~ C1FFFH，画出系统连接图。

五、8255A 的应用（10 分）

已知 8255A 方式控制字格式如下：

D_6~D_5：A 组方式选择 D_4：口 A I/O 选择

D_3：上 C 口 I/O 选择 D_2：B 组方式选择

D_1：口 B I/O 选择 D_0：下 C 口 I/O 选择

D_7=1：标志位

回答以下问题：

1. 8255A 端口 A 具有 3 种工作方式，分别是 _____ 、 _____ 、 _____ 。

2. 若要求端口 A、端口 B 均工作于方式 0，端口 A 输入，端口 B 输出，端口 C 输入，则相应方式选择控制字为_____。

3. 若控制口地址为 0C3H，则端口 A 地址为_____。

六、编程题（20 分，每题 10 分）

1. 完成 S=A+B×C 表达式的计算，其中变量 A、B、C 均为单字节带符号数，结果 S 为双字节带符号数。

2. 在一个采用查询方式输入数据的 I/O 接口中，8 位数据端口地址为 2000H，一位状态端口地址为 2002H（外设数据准备好信号高电平有效，接至数据总线的 D_7 位）。写出查询输入 1 000 个字节数据的程序段。

模拟试题 2

一、填空题（20 分，每题 2 分）

1. 已知 $X=-128$，则 X 的 8 位补码 $[X]_{补码}=$_____。

2. CPU 访问一次存储器或 I/O 端口所花的时间称为_____。

3. 8086 存储器分段处理，指令存储单元的逻辑地址由_____和_____组成。

4. 若物理地址是 23140H，段地址是 2000H，则偏移地址为_____。

5. 指令 MOV BX，[BP+SI] 中源操作数访问的数据类别是_____。

6. 某存储器芯片有 2 048 个存储单元，每个单元能存储 4 位二进制数，则容量为_____。

7. 为了保存动态 RAM 的信息，每隔一定时间须对其进行_____。

8. CPU 向外设发出的是_____信息；外设通过接口传送的是_____信息。

9. 8255A 芯片内部具有_____个输入/输出端口，其中能够按位控制的是_____。

10. A/D 转换器在输入信号变化速率较快时，应采用_____电路。

二、单项选择题（20 分，每题 2 分）

1. 启动两次独立的存储器操作之间所需的最小时间间隔为（　　）。
   A. 存储周期　　　　B. 存取周期　　　　C. 读周期　　　　D. 写周期

2. 通常外设接口中，应该具有（　　）端口才能满足和协调外设的工作要求。
   A. 数据
   B. 数据、控制
   C. 数据、控制、状态
   D. 控制、缓冲

3. 8086 响应中断时，不能自动入栈保存的是（　　）。
   A. 累加器 AX
   B. 段地址寄存器
   C. 指令指针寄存器
   D. 标志寄存器

4. 若 8255A 的端口 A 工作于方式 2，那么端口 B 可工作于（　　）。
   A. 方式 0
   B. 方式 1
   C. 方式 2
   D. 方式 0 或方式 1

5. DOS 功能调用是通过中断类型号（　　）实现的。
   A. 16H
   B. 21H
   C. 0CH
   D. 0DH

6. 能实现外设和内存直接进行数据交换的数据传输方式是（　　）
   A. 查询方式
   B. 无条件传送方式

C. 中断方式　　　　　　　　　　　D. DMA 方式

7. 8253 的工作方式有（　　　）。

   A. 2 种　　　　　B. 3 种　　　　　C. 4 种　　　　　D. 6 种

8. 8086 CPU 的 NMI 引脚上输入的信号是（　　　）。

   A. 可屏蔽的中断请求　　　　　　　B. 非屏蔽中断请求

   C. 中断响应　　　　　　　　　　　D. 总线请求

9. 使用 A/D 转换器对一个频率为 4 kHz 的正弦波信号进行输入，要求在一个信号周期内采样 5 个点，则应选用 A/D 转换器的转换时间最大为（　　　）。

   A. 1 ms　　　　　B. 100 μs　　　　　C. 10 μs　　　　　D. 50 μs

10. 如果 8251A 设为异步通信方式，发送器时钟输入端和接收器时钟输入端都连接到频率为 19.2 kHz 的输入信号上，波特率因子为 16，则波特率为（　　　）。

   A. 1 200　　　　　B. 2 400　　　　　C. 9 600　　　　　D. 19 200

三、简答题（20 分，每题 5 分）

1. 指出 8253 的工作方式 0、1、2、3 是何种工作方式，为了实现重复计数，最好选用哪种工作方式？

2. 外设向 CPU 申请中断，但 CPU 不响应，其原因可能有哪些？

3. 串行通信中同步传送方式和异步传送方式的特点各是什么？

4. A/D 转换器为什么要进行采样？采样频率应根据什么选定？

四、应用题（20 分，每题 10 分）

1. 已知 8255A 的地址为 0060H~0063H，A 组设置方式 1，端口 A 作为输入，PC6、PC7 作为输出，B 组设置为方式 1，端口 B 作为输入，编制初始化程序。

2. 存储器扩展应用

用 2K×4 的 EPROM 存储器芯片组成一个 16KB 的 ROM。

（1）共需多少块芯片？

（2）画出存储器的结构连接图

五、编程题（20 分，每题 10 分）

1. 利用 DOS 系统功能调用从键盘输入一串字符，分别统计该字符串中的字母、数字和其他字符的个数，并存入相应内存单元中。

2. 设 8253 三个计数器的端口地址分别为 201H、202H、203H，控制寄存器的端口地址为 200H，输入时钟为 2 MHz，让计数器 1 输出周期性脉冲，其脉冲周期为 1 ms，试编写初始化程序。（采用二进制计数）

模拟试题 3

一、填空题（20 分，每空 2 分）

1. 已知 $X=-126$，则 X 的 8 位补码 $[X]_{补码}=$＿＿＿＿＿＿＿＿。

2. 按存储器位置，可将存储器分为＿＿＿＿＿＿＿＿和＿＿＿＿＿＿＿＿。

3. 8086 CPU 由总线接口部件（BIU）和＿＿＿＿＿＿＿＿组成；ALU 位于 CPU 的＿＿＿＿＿＿＿部件内。

4. 8086 CPU 可访问的 I/O 端口的最大数是_____。

5. 8255A 工作于方式 0, 微处理器可以采用_____和_____的传输方式。

6. D/A 转换器的作用是_____, A/D 转换器的作用是_____。

二、单项选择题（20 分，每题 2 分）

1. 作为堆栈操作的指示栈顶位置的寄存器是（   ）。
   A. SP   B. IP   C. BP   D. CS

2. 下面 4 个标志中属于符号标志的是（   ）。
   A. DF   B. TF   C. ZF   D. SF

3. INT n 指令中断是（   ）。
   A. 由外围设备产生的   B. 由系统断电引起的
   C. 通过软件调用内部中断   D. 可用 IF 标志位屏蔽

4. 下列存储器哪一种存取速度最快。（   ）。
   A. 硬盘   B. DRAM   C. ROM   D. Cache

5. 串行传送的波特率是指单元时间内传送（   ）数据位数。
   A. 二进制   B. 八进制   C. 十进制   D. 十六进制

6. 设 SP=1110H，执行 PUSH AX 指令后，SP 的内容为（   ）。
   A. SP=1112H   B. SP=110EH
   C. SP=1111H   D. SP=110FH

7. DOS 系统功能调用中，将子功能编号送入（   ）寄存器。
   A. AH   B. AL   C. BH   D. BL

8. DOS 系统功能调用中，能读取键盘字符并回显的是（   ）号调用。
   A. 00H   B. 01H   C. 02H   D. 03H

9. 下面 4 个寄存器中，不能用来作间接寻址的寄存器是（   ）。
   A. BX   B. CX   C. BP   D. DI

10. 用于直接存储器存取控制的接口芯片是（   ）。
   A. 8255A   B. 8251A   C. 8237A   D. 8259A

三、简答题（20 分，每题 5 分）

1. 8086 CPU 在取指令和执行指令时，指令队列起什么作用？
2. 计算机输入/输出的方式有哪几种？
3. 简述 CPU 对中断的响应过程。
4. 8086 的寻址方式有哪几种？试举例说明之。

四、8255A 应用分析（10 分）

给定 8255A 方式控制字各位的定义如下：

D$_6$~D$_5$: A 组方式选择   D$_4$: 口 A I/O 选择

D$_3$: 上 C 口 I/O 选择   D$_2$: B 组方式选择

D$_1$: 口 B I/O 选择   D$_0$: 下 C 口 I/O 选择

D$_7$=1: 标志位

回答以下问题：

1. 设控制口地址为 0C3H，则端口 A 地址为_____。

2. 要求端口 A、端口 B 均工作于方式 0，端口 A 输入，端口 B 输出，端口 C 输出，则相应方式选择控制字为_____；并写出初始化程序。

五、编程题（30 分，每题 15 分）

1. 求存放在 DATA 为首地址的内存区域中 5 个单字节无符号数的平均值，并将结果放在 AVG 单元中。

2. 已知 8253 的计数通道 0 工作于方式 2，BCD 计数，输出波形的重复周期为 1 ms，其中负脉冲宽度为 200 ns，要求计算该计数器的初始值，并写出初始化程序段（其端口地址为 40H ~ 43H）。

模拟试题 1   参考答案

一、填空题

1. ABH、171D

2. –43D

3. 机器指令、伪指令、宏指令

4. 相对基址变址寻址、当前数据段 DS

5. NMI（不可屏蔽中断）、INTR（可屏蔽中断）

6. 00000H~FFFFFH

7. 执行部件（EU）、总线接口部件（BIU）

8. 32K

9. 主–辅存、存储器容量不足

10. 主机、外设

11. 关中断

12. 4 800 Hz

二、单项选择题

1. D	2. C	3. B	4. A	5. D
6. B	7. D	8. C	9. D	10. A

三、简答题

1. 答：（1）数据传送以 CPU 为中心，通过预先编写的输入/输出程序来指出源和目的，并完成数据传送，该传送由 CPU 通过软件来实现，故称为程序控制传送方式。

（2）程序控制传送方式分无条件传送、查询传送和中断传送。

① 无条件传送：CPU 与外设交换数据时，外设总是处于"就绪"状态，随时可进行数据传送，主要用于外设定时固定或已知场合。

② 查询传送方式：须用输入指令对外设状态进行检测，若端口"就绪"则 CPU 发出 OUT 或 IN 指令，进行一次数据传送，否则一直检测外设状态。常用于外设不定时或未知的情况。

③ 中断传送：CPU 先启动外设，在外设进行数据传送准备期间 CPU 继续执行主程序（即 CPU 与外设同时工作），当外设数据准备就绪时向 CPU 发出中断请求，CPU 终止现行主程序转去执行中断服务子程序，完成数据传送后再返回主程序。

2．答：一般接口电路应具有以下 5 个基本单元：

（1）输入/输出数据锁存器和缓冲器，解决 CPU 与外设间速度不匹配的矛盾，并起到隔离和缓冲的作用。

（2）控制命令和状态寄存器，存放 CPU 对外设的控制命令及外设状态信息。

（3）地址译码器，用于选择接口电路中的不同端口（寄存器）。

（4）读/写控制逻辑。

（5）中断控制逻辑。

3．答：主要考虑以下 4 个方面：

（1）CPU 只能识别数字信号，当外设输出为模拟信号时，应使用 A/D 转换器将模拟信号转换成数据信号后才能输入到 CPU 中。

（2）根据实际系统需要，选用适当速度的 A/D 转换器。

（3）根据对模拟量分辨率的要求，选用合适的 A/D 转换器位数。

（4）如外设模拟信号变化较快，还应在 A/D 转换器前设计采样保持器，以保证 A/D 转换过程中模拟信号保持基本稳定。

4．答：8259A 中断控制器可接受 8 个中断源的中断请求输入；可对多个中断源进行优先级判断，裁决出最高优先级先行处理；可支持多种优先级的处理方式；可对中断请求输入进行屏蔽，阻止对其处理；支持多种中断结束方式；与微处理器连接方便，可提供中断请求信号及发送中断类型码；可进行级连形成多于 8 级输入的中断控制系统。

四、应用题

系统连接图如下：

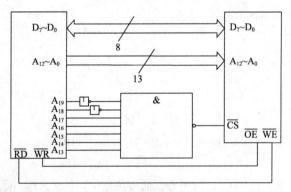

五、8255A 的应用分析

1．基本输入/输出方式、选通输入/输出方式、双向输入/输出方式。

2．00011001B。

3．0C0H。

六、编程题

1．程序段如下：

```
DATA SEGMENT
        A  DB  15
        B  DB  21
        C  DB  -12
        S  DW   ?
```

```
        DATA ENDS
        CODE SEGMENT
            ASSUME   CS:CODE,DS:DATA
        START:  MOV    AX,DATA
                MOV    DS,AX
                MOV    AL,B
                IMUL   C
                MOV    BX,AX
                MOV    AL,A
                CBW
                ADD    AX,BX
                MOV    S,AX
                MOV    AH,4CH
                INT    21H
        CODE    ENDS
            END    START
```

2. 设 1 000 个字节数据存入内存 BUFFER 为首的缓冲区中，程序段如下：

```
        LEA    SI,BUFFER
        MOV    CX,1000
AA:     MOV    DX,2002H
BB:     IN     AL,DX
        SHL    AL,1
        JNC    BB
        DEC    DX
        IN     AL,DX
        MOV    [SI],AL
        INC    SI
        LOOP   AA
        HLT
```

模拟试题 2　参考答案

一、填空题

1. 10000000B
2. 总线周期
3. CS、IP
4. 1140H
5. 堆栈区字数据
6. 2K×4 位
7. 动态刷新
8. 控制、状态
9. 3、端口 C
10. 采样保持

二、单项选择题

1. B　　　2. C　　　3. A　　　4. D　　　5. B

6. D　　　7. D　　　8. B　　　9. D　　　10. A

三、简答题

1. 答：（1）方式 0 是计数结束停止计数方式；方式 1 是可重复触发的单稳态工作方式；方式 2 是分频器工作方式；方式 3 是方波输出方式。

（2）最好选用方式 2 和方式 3。

2. 答：原因有以下几点：

（1）该中断请求持续时间太短。

（2）CPU 未能在当前指令周期的最后一个时钟周期采样到中断请求信号。

（3）CPU 处于关中断状态。

（4）该中断被屏蔽。

3. 答：（1）同步传输方式中发送方和接收方的时钟是统一的、字符与字符间的传输是同步无间隔的。

（2）异步传输方式并不要求发送方和接收方的时钟完全一样，字符与字符间的传输是异步的。

4. 答：（1）因为被转换的模拟信号在时间上是连续的，瞬时值有无限多个，转换过程需一定时间，不可能把每一个瞬时值都一一转换成数字量。因此，对连续变化的模拟量要按照一定规律和周期取出其中某一瞬时值，这个过程就是将模拟量离散化，称之为采样，采样以后用若干个离散瞬时值来表示原来的模拟量。

（2）为使 A/D 输出信号经过 A/D 还原后能更好地反映输入模拟信号的变化，根据采样定理，采样频率一般要高于或至少等于输入信号最高频率分量的 2 倍，就可使被采样信号足够代表原始输入信号。在输入信号频率不是太高的实际应用中，一般取采样频率为最高频率的 4~8 倍。

四、应用题

1. 答：初始化程序如下所示：

```
MOV  DX,0063H
MOV  AL,00110111B
OUT  DX,AL
```

2. 答：（1）共需 16 片。

（2）存储器连接图略。

五、编程题

1. 程序编制如下：

```
DATA SEGMENT
        BUF      DB    81
                 DB    ?
                 DB    81 DUP(?)
        ZM       DB    ?
        SZ       DB    ?
        QT       DB    ?
DATA    ENDS
CODE    SEGMENT
        ASSUME  CS:CODE,DS:DATA
START:  MOV     AX,DATA
        MOV     DS,AX
        MOV     DX,OFFSET  BUF
        MOV     AH,09H
        INT     21H
        MOV     CL,BUF+1
        MOV     CH,0
        MOV     SI,OFFSET BUF+2
```

```
              MOV     AH,0
              MOV     BL,0
              MOV     DL,0
LP:           MOV     AL,[SI]
              INC     SI
              CMP     AL,30H
              JGE     BIG
              INC     DL
              JMP     EE
BIG:          CMP     AL,39H
              JA      NEXT
              INC     BL
              JMP     EE
NEXT:         CMP     AL,41H
              JAE     SS
              INC     DL
              JMP     EE
SS:           CMP     AL,5AH
              JA      LL
              INC     AH
              JMP     EE
LL:           CMP     AL,61H
              JB      LL2
              INC     DL
              JMP     EE
LL2:          CMP     AL,7AH
              JAE     LL3
              INC     AH
              JMP     EE
LL3:          INC     DL
EE:           MOV     ZM,AH
              MOV     SZ,BL
              MOV     QT,DL
              MOV     AH,4CH
              INT     21H
CODE          ENDS
              END     START
```

2. 答：要使输出脉冲周期为 1 ms，输出脉冲的频率是 $1×10^3$ Hz，当输入时钟频率为 2 MHz 时计数器初始值是 2 000。使用计数器 1，先读低 8 位，后读高 8 位，设为方式 3，二进制计数，控制字为 76H。设控制口地址是 200H，计数器 1 的地址是 202H。

程序段如下：

```
              MOV     DX,200H
              MOV     AL,76H
              OUT     DX,AL
              MOV     DX,202H
              MOV     AX,2000
              OUT     DX,AL
              MOV     AL,AH
              OUT     DX,AL
```

模拟试题 3　参考答案

一、填空题

1. 10 000 010B

2. 内存、外存

3. 执行部件（EU）、执行

4. 64 KB

5. 无条件传送、条件查询传送

6. 将数字信号转换为模拟信号、将模拟信号转换为数字信号

二、单项选择题

1. A	2. D	3. C	4. D	5. A
6. B	7. A	8. B	9. B	10. C

三、简答题

1. 答：8086 CPU 内部结构分为执行部件和总线接口部件，两者可实现并行工作，采用指令队列就是并行工作的基础，其作用是起到指令处理的缓冲。

2. 答：计算机的输入/输出方式主要有：

（1）程序控制方式（包括无条件传输和查询传输两种）。

（2）中断控制方式。

（3）DMA 传送方式。

3. 答：（1）关中断；（2）保护断点；（3）识别中断源；（4）保护现场；（5）执行中断服务程序；（6）恢复现场；（7）开中断与返回。

4. 8086 的寻址方式主要有：

（1）立即数寻址	如：MOV　　AX,0102H
（2）寄存器寻址	如：MOV　　AX,BX
（3）直接寻址	如：MOV　　AX,[0100H]
（4）寄存器间接寻址	如：MOV　　AX,[SI]
（5）寄存器相对寻址	如：MOV　　AX,ARR[SI]
（6）基址变址寻址	如：MOV　　AX, [BX+SI]
（7）相对基址变址寻址	如：MOV　　AX,ARR[BX+SI]

四、8255A 应用分析

1. 0C0H

2. 10H

初始化程序如下：

```
MOV  DX,00C3H
MOV  AL,00010000B
OUT  DX,AL
```

五、编程题

1. 答：源程序如下：

```
DATA SEGMENT
```

```
            DAT     DB  12,34,15,26,78
            AVG     DB  ?
DATA        ENDS
CODE        SEGMENT
            ASSUME  CS:CODE,DS:DATA
START:      MOV     AX,DATA
            MOV     DS,AX
            MOV     CX,5
            LEA     SI,DAT
            CLC
            MOV     AX,0
LP:         ADD     AL,[SI]
            INC     SI
            ADC     AH,0
            LOOP    LP
            MOV     BL,5
            DIV     BL
            MOV     AVG,AL
            MOV     AH,4CH
            INT     21H
CODE        ENDS
            END     START
```

2. 答：初始值 N=5 000，控制字=35H。

初始化程序段如下：

```
            MOV     AL,35H
            OUT     43H,AL
            MOV     AL,00H
            OUT     40H,AL
            MOV     AL,50H
            OUT     40H,AL
```

DOS 常用命令 及出错信息 <<<

1. 从 Windows 进入 DOS 命令状态

（1）选择"开始"→"命令提示符"→进入 DOS 命令窗口。

（2）选择"开始"→"运行"→输入 cmd 命令→进入 DOS 命令窗口。

2. DOS 常用命令

DOS 命令分为内部命令和外部命令，内部命令随每次启动的 COMMAND.COM 装入并常驻内存，外部命令是单独可执行文件。内部命令在任何时候都可使用，外部命令需保证命令文件在当前目录中，或在 Autoexec.bat 文件已被加载的路径下。

DOS 常用命令如表 B-1 所示。

表 B-1 DOS 常用命令

命 令 名	含 义	使用格式及功能	备 注
DIR	显示指定目录	DIR [盘符：][路径][文件名][参数] 参数： /W 宽屏显示，一排显示 5 个文件名 /P 分页显示 /A 显示具有特殊属性的文件 /S 显示当前目录及其子目录下所有的文件	可显示指定路径上所有文件或目录的信息
CD	进入指定目录	CD [路径] CD\ 返回到根目录 CD.. 返回到上一层目录	只能进入当前盘符中的目录
MD	建立新目录	MD [盘符][路径]	在指定盘下建立新目录
RD	删除目录	RD [盘符][路径]	只能删除空目录
COPY	拷贝文件	COPY [源目录或文件][目的目录或文件]	可指定路径进行拷贝
DEL	删除文件	DEL [盘符][路径][文件名]	删除指定文件
SYS	传递系统文件	SYS [源盘符][目的盘符]	可传递指定的盘符文件
TYPE	显示文件内容	TYPE 文件名	文件内容显示在屏幕上
REN	改变文件名	REN 文件名 1 文件名 2	文件名 1 换为文件名 2
EDIT	编辑文件	EDIT [文件名][选项]	打开指定文件进行编辑
CLS	清除屏幕	CLS	光标定位到屏幕左上角
DATE	显示或设置日期	DATE [日期]	无选项时显示日期
TIME	显示或设置时间	TIME [时间]	无选项时显示时间
EXIT	退出 DOS	EXIT↙	返回 Windows

3. DOS 命令下常见的出错信息

当在 DOS 命令状态下运行时，如果输入的命令格式不符合要求或者内部运行有问题，会在屏幕上给出一个出错信息提示，操作者可根据错误提示进行相应处理。

DOS 命令下常见的出错信息如表 B-2 所示。

表 B-2　DOS 命令下常见出错信息

错 误 信 息	含　义	错 误 信 息	含　义
Bad command or file name	错误命令或文件名	Invalid Drive Specification	指定的驱动器非法
Access Denied	拒绝存取	Syntax error	语法错误
Drive not ready	驱动器未准备好	Required parameter missing	缺少必要的参数
Write protect error	写保护错误	Invalid parameter	非法参数
General error	常规错误	Insufficient memory	内存不足
Abort,Retry,Ignore,Fail?	中止,重试,忽略,失败?	Divide overflow	除数为零
File not found	文件未找到	Runtime error xxx	运行时间错误 xxx
Incorrect DOS version	错误的 DOS 版本	Error in EXE file	EXE 文件有错误
Invalid directory	非法目录		

8086 指令系统 ‹‹‹

1. 指令符号说明（见表 C-1）

表 C-1　指令符号说明

符　号	说　明
r8	任意一个 8 位通用寄存器 AH、AL、BH、BL、CH、CL、DH、DL
r16	任意一个 16 位通用寄存器 AX、BX、CX、DX、SI、DI、BP、SP
reg	代表 r8、r16
seg	段寄存器 CS、DS、ES、SS
m8	一个 8 位存储器操作数单元
m16	一个 16 位存储器操作数单元
mem	代表 m8、m16
i8	一个 8 位立即数
i16	一个 16 位立即数
imm	代表 i8、i16
dest	目的操作数
src	源操作数
label	标号

2. 指令格式及其功能（C-2）

表 C-2　指令格式及其功能

指令类型	指令格式	指令功能简介
传送指令	MOV　reg/mem,imm	dest←src
	MOV　reg/mem/seg,reg	
	MOV　reg/seg,mem	
	MOV　reg/mem,seg	
交换指令	XCHG reg,reg/mem	Reg←→reg/mem
	XCHG reg/mem,reg	
转换指令	XLAT label	AL←[BX+AL]
	XLAT	
堆栈指令	PUSH rl6/m16/seg	寄存器/存储器入栈
	POP　rl6/m16/seg	寄存器/存储器出栈

续表

指 令 类 型	指 令 格 式	指 令 功 能 简 介
标志传送	CLC	CF←0
	STC	CF←1
	CMC	CF←~CF
	CLD	DF←0
标志传送	STD	DF←1
	CLI	IF←0
	STI	IF←1
	LAHF	AH←FLAGS 低字节
	SAHF	FLAGS 低字节←AH
	PUSHF	FLAGS 入栈
	POPF	FLAGS 出栈
地址传送	LEA r16,mem	r16←16 位有效地址
	LDS r16,mem	DS:r16←32 位远指针
	LES r16,mem	ES:r16←32 位远指针
输入	IN AL/AX,I8/DX	AL/AX←I/O 端口 I8/DX
输出	OUT I8/DX,AL/AX	I/O 端口 I8/DX←AL/AX
加法运算	ADD reg,imm/reg/mem	dest←dest+src+CF
	ADD mem,imm/reg	
	ADC reg,imm/reg/mem	dest←dest+src+CF
	ADC mem,imm/reg	
	INC reg/mem	reg/mem←reg/mem+1
减法运算	SUB reg,imm/reg/mem	dest←dest−src
	SUB mem,imm/reg	
	SBB reg,imm/reg/mem	dest←dest−src−CF
	SBB mem,imm/reg	
	DEC reg/mem	Reg/mem←reg/mem−1
	NEG reg/mem	Reg/mem←0—reg/mem
	CMP reg,imm/reg/mem	dest—src
	CMP mem,imm/reg	
乘法运算	MUL reg/mem	无符号数值乘法
	IMUL rcg/mem	有符号数值乘法
除法运算	DIV reg/mem	无符号数值除法
	IDIV reg/mem	有符号数值除法
符号扩展	CBW	把 AL 符号扩展为 AX
	CWD	把 AX 符号扩展为 DX.AX

指 令 类 型	指 令 格 式	指令功能简介
十进制调整	DAA	将 AL 中的加和调整为压缩 BCD 码
	DAS	将 AL 中的减差调整为压缩 BCD 码
	AAA	将 AL 中的加和调整为非压缩 BCD
	AAS	将 AL 中的减差调整为非压缩 BCD
	AAM	将 AX 中的乘积调整为非压缩 BCD
	AAD	将 AX 中的非压缩 BCD 码扩展成二进制数
逻辑运算	AND reg,imm/reg/mem	dest←dest AND src
	AND mem,imm/reg	
	OR reg,imm/reg/mem	dest←dest OR src
	OR mem,imm/reg	
	XOR reg,imm/reg/mem	dest←dest XOR src
	XOR mem,imm/reg	
	TEST reg,imm/reg/mem	dest AND src
	TEST mem,imm/reg	
	NOT reg/mem	reg/mem←NOT reg/mem
移位	SAL reg/mem,1/CL	算术左移 1/CL 指定的次数
	SAR reg/mem,1/CL	算术右移 1/CL 指定的次数
	SHL reg/mem,1/CL	与 SAL 相同
	RCR reg/mem,1/CL	带进位循环右移 1/CL 指定的次数
串操作	MOVS[B/W]	串传送
	LODS[B/W]	串读取
	STOS[B/W]	串存储
	CMPS[B/W]	串比较
	SCAS[B/W]	串扫描
	REP	重复前缀
	REPZ/REPE	相等重复前缀
	REPNZ/REPNE	不等重复前缀
控制转移	JMP label	无条件直接转移
	JMP rl6/m16	无条件间接转移
	JCC label	条件转移
循环	LOOP label	$CX←CX-1$；若 $CX≠0$，循环
	LOOPZ/LOOPE label	$CX←CX-1$；若 $CX≠0$ 且 ZF=1，循环
	LOOPNZ/LOOPNE label	$CX←CX-1$；若 $CX≠0$ 且 ZF=0，循环
	JCXZ label	CX=0，循环
子程序	CALL label	直接调用
	CALL rl6/m16	间接调用
	RET	无参数返回
	RETil6	有参数返回

续表

指 令 类 型	指 令 格 式	指令功能简介
中断	INTi8	中断调用
	IRET	中断返回
	INTO	溢出中断调用
处理器控制	NOP	空操作指令
	SEG	段超越前缀
处理器控制	HLT	停机指令
	LOCK	封锁前缀
	WAIT	等待指令
	ESCi8,reg/mem	交给浮点处理器的浮点指令

DOS 系统功能调用
（INT 21H） ⫷

AH	功　能	调用参数	返回参数
00	程序终止（同 INT 20H）	CS=程序段前缀	
01	键盘输入并回显		AL=输入字符
02	显示输出	DL=输出字符	
03	异步通信（COM1）输入		AL=输入数据
04	异步通信（COM1）输出	DL=输出数据	
05	打印机输出	DL=输出字符	
06	直接控制台 I/O	DL=FF（输入）；DL=字符（输出）	AL=输入字符
07	键盘输入（无回显）		AL=输入字符
08	键盘输入（无回显） 检测 Ctrl+Break 或 Ctrl+C		AL=输入字符
09	显示字符串	DS:DX=串地址；以 "$" 结尾	
0A	键盘输入到缓冲区	DS:DX=缓冲区首址	
0B	检验键盘状态		AL=00，有输入； AL=FF，无输入
0C	清除缓冲区并请求指定的输入功能	AL=输入功能号（1，6，7，8）	
0D	磁盘复位		清除文件缓冲区
0E	指定当前默认的磁盘驱动器	DL=驱动器号 （0=A，1=B，…）	AL=系统中的驱动器数
0F	打开文件（FCB）	DS:DX=FCB 首地址	AL=00，文件找到； AL=FF，文件未找到
10	关闭文件（FCB）	DS:DX=FCB 首地址	AL=00，目录修改成功； AL=FF，未找到文件
11	查找第一个目录项（FCB）	DS:DX=FCB 首地址	AL=00，找到匹配的目录项； AL=FF，未找到目录项
12	查找下一个目录项（FCB） 使用通配符进行目录项查找	DS:DX=FCB 首地址	AL=00，找到匹配的目录项； AL=FF，未找到匹配的目录项

续表

AH	功　能	调 用 参 数	返 回 参 数
13	删除文件（FCB）	DS:DX=FCB 首地址	AL=00，删除成功； AL=FF，文件未删除
14	顺序读文件（FCB）	DS:DX=FCB 首地址	AL=00，读成功； AL=01，文件结束未读到数据； AL=02，DTA 边界错误； AL=03，文件结束记录不完整
15	顺序写文件（FCB）	DS:DX=FCB 首地址	AL=00，写成功； AL=01，磁盘满或只读文件； AL=02，DTA 边界错误
16	建文件（FCB）	DS:DX=FCB 首地址	AL=00，建立文件成功； AL=FF，磁盘操作有错
17	文件改名（FCB）	DS:DX=FCB 首地址	AL=00，文件被改名； AL=FF，文件未改名
19	取当前默认磁盘驱动器 0=A，1=B，2=C，…	AL=00，默认的驱动器号	
1A	设置 DTA 地址	DS:DX=DTA 地址	
1B	取默认驱动器 FAT 信息		AL=每簇的扇区数； DS:BX=指向说明的指针； CX=物理扇区的字节数； DX=每个磁盘簇数
1C	取指定驱动器 FAT 信息		同上
1F	取默认磁盘参数块		AL=00 无错；AL=FF 出错； DS:BX=磁盘参数块地址
21	随机读文件（FCB）	DS:DX=FCB 首地址	AL=00，读成功； AL=01，文件结束； AL=02，DAT 边界错误； AL=03，读部分记录
22	随机写文件（FCB）	DS:DX=FCB 首地址	AL=00，写成功； AL=01，磁盘满或是只读文件； AL=02 DAT边界错误
23	测文件大小（FCB）	DS:DX=FCB 首地址	AL=00，成功，记录数填入 FCB； AL=FF，未找到匹配的文件
24	设置随机记录号	DS:DX=FCB 首地址	
25	设置中断向量	DS:DX=中断向量； AL=中断类型号	
26	建立程序段前缀 PSP	DX=新 PSP 段地址	
27	随机分块读（FCB）	DS:DX=FCB 首地址； CX=记录数	AL=00，读成功； AL=01，文件结束； AL=02 DTA边界错误 AL=03 读入部分记录； CX=读取的记录数

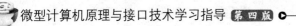

AH	功　能	调 用 参 数	返 回 参 数
28	随机分块写（FCB）	DS:DX=FCB 首地址； CX=记录数	AL=00，写成功； AL=0l，磁盘满或只读文件； AL=02DAT 边界错误
29	分析文件名字符串（FCB）	ES:DI=FCB 首地址； DS:SI=ASCIIZ 串	AL=00，标准文件；AL=01，多义文件；AL=02 DAT 边界错
2A	取系统日期		CX=年；DH=月；DL=日；AL=星期
2B	设置系统日期	CX=年（1980~2099） DH=月（1~12）；DL=日（1~31）	AL=00 成功； AL =FF 无效
2C	取系统时间		CH:CL=时：分； DH:DL=秒：1/100 秒
2D	设置系统时间	CH:CL=时：分； DH:DL=秒：1/100 秒	AL=00 成功； AL =FF 无效
2E	设置磁盘检验标志	AL=00 关闭检验 AL =FF 打开检验	
2F	取 DAT 地址		ES:BX=DAT 首地址
30	取 DOS 版本号		AL=版本号；AH=发行号； BH=DOS 版本标志； BL:CX=序号（24位）
31	结束并驻留	AL=返回号；DX=驻留区大小	
32	取驱动器参数块	DL=驱动器号	AL=FF，驱动器无效 DS:BX=驱动器参数块地址
33	Ctrl+Break 检测	AL=00 取标志状态	DL=00，关闭检测； DL=01，打开检测
35	取中断向量	AL=中断类型号	ES:BX=驱动器参数块地址
36	取空闲磁盘空间	DL=驱动器号 0=默认，1=A，2=B，…	成功：AX=每簇扇区数；BX=可用扇区数；CX=每扇区字节数；DX=磁盘总扇区数
39	建立子目录	DS:DX=ASCII Z 串	AX=错误代码
3A	删除子目录	DS:DX=ASCII Z 串	AX=错误代码
3B	设置目录	DS:DX=ASCII Z 串	AX=错误代码
3C	建立文件	DS:DX=ASCII Z 串 CX=文件属性	成功：AX=文件代号； 失败：AX=错误代码
3D	打开文件	DS:DX=ASCII Z 串 AL=访问和文件的共享方式 0=读，1=写，2=读/写	成功：AX=文件代号； 失败：AX=错误代码
3E	关闭文件	BX=文件代号	失败：AX=错误代码

续表

AH	功　能	调 用 参 数	返 回 参 数
3F	读文件或设备	DS:DX=ASCII Z 串 BX=文件代号 CX=读取的字节数	成功：AX=实际读入的字节数； AX=0 已到文件末尾； 失败：AX=错误代码
40	写文件或设备	DS:DX=ASCII Z 串； BX=文件代号；CX=写入的字节数	成功：AX=实际写入的字节数； 失败：AX=错误代码
41	删除文件	DS:DX=ASCII Z 串	成功：AX=00； 失败：AX=错误代码
42	移动文件指针	BX=文件代号；CX:DX=位移量； AL=移动方式	成功：DX:AX=新指针位置； 失败：AX=错误码
43	置/取文件属性	DS:DX=ASCII Z 串地址； AL=00 取属性；AL=01 置属性； CX=属性	成功：CX=文件属性； 失败：AX=错误码
44	设备驱动程序控制	BX=文件代号；AL=设备子功能代码（0~11H）； BL=驱动器代码； CX=读/写的字节数	成功：DX=设备信息； AX=传送的字节数； 失败：AX=错误码
45	复制文件代号	BX=文件代号 1	成功：AX=文件代号 2； 失败：AX：错误码
46	强行复制文件代号	BX=代号 1；CX=代号 2	失败：AX=错误码
47	取当前目录路径名	DL=驱动器号 DS:SI=ASCII Z 串地址	成功：DS：SI=当前 ASCII 码串地址；失败：AX=错误码
48	分配内存空间	BX=申请内存字节数	成功：AX 分配初始段地址； 失败：AX=错误码；BX=最大可用空间
49	释放已分配内存	ES=内存起始段地址	失败：AX=错误码
4A	修改内存分配	ES=原内存起始段地址 BX=新申请内存字节数	失败：AX=错误码； BX=最大可用空间
4B	装入/执行程序	DS:DX=ASCII Z 串地址； ES:BX=参数区首地址； AL=00 装入并执行程序； AL=01 装入程序但不执行	失败：AX=错误码
4C	带返回码终止	AL=返回码	
4D	取返回代码		AL=子出口代码；AH=返回代码； 00=正常终止；01=用 Ctrl+C 终止；02=严重设备错误终止；03=功能调用 31H 终止
4E	查找第一个匹配文件	DS:DX=ASCII Z 串地址； CX=属性	失败：AX=错误码
4F	查找下一个匹配文件	DTA 保留 4EH 的原始信息	失败：AX=错误码
50	置 PSP 段地址	BX=新 PSP 段地址	

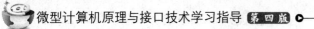

续表

AH	功　能	调 用 参 数	返 回 参 数
51	取 PSP 段地址		BX=当前运行进程的 PSP
52	取磁盘参数块		ES：BX=参数块表指针
53	把 BIOS 参数块转换为 DOS 的驱动器参数块	DS:SI=BPB 的指针 ES:BP=DPB 的指针	
54	取写盘后读盘的检验标志		AL=00 检验关闭；AL=01 检验打开
55	建立 PSP	DX=建立 PSP 的段地址	
56	文件改名	DS:DX=当前串地址； ES:DI=新串地址	失败：AX=错误码
57	置/取文件日期和时间	BX=文件代号； AL=00 读取；AL=01 设置； (DX:CX)=日期：时间	失败：AX=错误码
58	取/置内存分配策略	AL=00 取策略代码； AL=01 设置策略代码； BX=策略代码	成功：AX=策略代码； 失败：AX=错误码
59	取扩充错误码	BX=00	AX=扩充错误码；BH=错误类型；BL=建议的操作；CH=出错设备代码
5A	建立临时文件	CX=文件属性； DS:DX=串地址	成功：AX=文件代号； 失败：AX=错误代码
5B	建立新文件	CX=文件属性； DS:DX=ASCII Z 串地址	成功：AX=文件代号； 失败：AX=错误代码
5C	锁定文件存取	AL=00 锁定指定区域；AL=01 开锁；BX=文件代号； CX:DX=文件区域偏移值； SI:DI=文件区域的长度	失败：AX=错误代码
5D	取/置严重错误标志的地址	AL=06 取严重错误标志地址； AL=0A 置 ERROR 结构指针	DS:SI=严重错误标志的地址
60	扩展为全路径名	DS:SI=ASCII Z 串的地址； ES:DI=工作缓冲区地址	失败：AX=错误代码
62	取程序段前缀地址		BX=PSP 地址
68	刷新缓冲区数据到磁盘	AL=文件代号	失败：AX=错误代码
6C	扩充的文件打开/建立	AL=访问权限；BX=打开方式； CX=文件属性；DS:SI=ASCII Z 串地址	成功：AX=文件代号； CX：采取的动作； 失败：AX=错误代码

BIOS 中断调用 ‹‹‹

INT	AH	功　能	调　用　参　数	返　回　参　数
10	0	设置显示方式	如 AL= 11 640×480；黑白图形（VGA）	
			AL=12 640×480；16 色图形（VGA）	
			AL=13 320×200；256 色图形（VGA）	
10	1	置光标类型	$(CH)_{0-3}$=起始行；$(CL)_{0-3}$=结束行	
10	2	置光标位置	BH=页号；DH/DL=行/列	
10	3	读光标位置	BH=页号	CH=起始行；CL=光标行；DH/DL=行/列
10	4	读光笔位置		AX=0，未触发；AX=1，触发；CH/BX=像素行/列；DH/DL=字符行/列
10	5	置当前显示页	AL=页号	
10	6	屏幕初始化或向上滚动	AL=0，初始化窗口；AL=向上滚动行数；BH=卷入行属性；CH/CL=左上角行/列号；DH/DL=右上角行/列	
10	7	屏幕初始化或向下滚动	AL=0，初始化窗口 AL=向下滚动行数 BH=卷入行属性 CH/CL=左上角行/列号 DH/DL=右上角行/列	
10	8	读光标位置的字符和属性	BH=显示页	AH/AL=字符/属性
10	9	在光标位置显示字符和属性	BH=显示页；AL/BL=字符/属性 CX=字符重复次数	
10	A	在光标位置显示字符	BH=页；AL=字符；CX=字符重复次数	
10	B	置彩色调色板	BH=彩色调色板 ID BL=和 ID 配套使用的颜色	
10	C	写像素	AL=颜色值；BH=页号；DX/CX=像素行/列	
10	D	读像素	BH=页号；DX/CX=像素行/列	AL=像素的颜色值

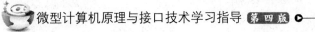

续表

INT	AH	功　能	调 用 参 数	返 回 参 数
10	E	显示字符（光标前移）	AL=字符；BH=页号；BL=前景色	
10	F	取当前显示方式		BH=页号；AH=字符列数；AL=显示方式
10	10	置调色板寄存器	AL=0；BL=调色板号；BH=颜色值	
10	11	装入字符发生器（EGA/VGA）	AL=0~4，全部或部分装入字符点阵集；AL=20~24，置图形方式显示字符集；AL=30，读当前字符集信息	ES：BP=字符集位置
10	12	返回当前适配器设置的信息（EGA/VGA）	BL=10H（子功能）	BH=0 单色方式；BH=1 彩色方式；BL=VRAM 容量；CH=特征位设置；CL=EGA 开关设置
10	13	显示字符串	ES：BP=字符串地址；AL=写方式（0~3）CX=字符串长度；DH/DI=起始行/列 BH/DI/=页号/属性	
11		取设备信息		AX=返回值；0=设备未安装；1=设备已安装
12		取内存容量		AX=字节数（KB）
13	0	磁盘复位	DL=驱动器号	失败：AH=错误码
13	1	读磁盘驱动器状态		AL=状态字节
13	2	读磁盘扇区	AL=扇区数；$(CL)_{6\sim7}(CH)_{0\sim7}$=磁道号；$(CL)_{0\sim7}$=扇区号；DH/DL=磁头号/驱动器号；ES：BX=数据缓冲区地址	读成功：AH=0；AL=读取的扇区数；读失败：AH=错误码
13	3	写磁盘扇区	同上	写成功：AH=0；AL=写入的扇区数；写失败：AH=错误码
13	4	检验磁盘扇区	AL=扇区数；$(CL)_{6\sim7}(CH)_{0\sim7}$=磁道号；$(CL)_{0\sim5}$=扇区号；DH/DI=磁头号/驱动器号	成功：AH=0；AL=检验的扇区数；失败：AH=错误码
13	5	格式化盘磁道	AL=扇区数；$(CL)_{6\sim7}(CH)_{0\sim7}$=磁道号；$(CL)_{0\sim5}$=扇区号；DH/DL=磁头号/驱动器号；ES：BX=格式化参数表指针	成功：AH=0；失败：AH=错误码
14	0	初始化串行口	AL=初始化参数；DX=串行口号	AH=通信口状态；AL=调制解调器状态
14	1	向通信口写字符	AL=字符；DX=通信口号	写成功：$(AH)_7$=0；写失败：$(AH)_7$=1；$(AH)_{0\sim6}$=通信口状态
14	2	从通信口读字符	DX=通信口号	读成功：$(AH)_7$=0，(AL)=字符；读失败：$(AH)_7$=1

续表

INT	AH	功　　能	调　用　参　数	返　回　参　数
14	3	取通信口状态	DX=通信口号	AH=通信口状态； AL=调制解调器状态
14	4	初始化扩展 COM		
14	5	扩展 COM 控制		
15	0	启动盒式磁带机		
15	1	停止盒式磁带机		
15	2	磁带分块读	ES:BX=数据传输区地址； CX=字节数	AH=状态字节；AH=00 读成功；AH=01 冗余检验错；AH=02 无数据传输；AH=04 无引导；AH=80 非法命令
15	3	磁带分块读	DS:BX=数据传输区地址；CX=字节数	AH=状态字节（同上）
16	0	从键盘读字符		AL=字符码；AH=扫描码
16	1	取键盘缓冲状态		ZF=0，AL=字符码； AH=扫描码； ZF=l，无按键等待
16	2	取键盘标志字节	AL=键盘标志字节	
17	0	打印字符回送状态字节	AL=字符	AH=打印机状态字节； DX=打印机号
17	1	初始化打印机回送状态字节	DX=打印机号	AH=打印机状态字节
17	2	取打印机状态	DX=打印机号	AH=打印机状态字节
18		ROMBASIC 语言		
19		引导装入程序		
1A	0	读时钟		CH:CL=时:分； DH:DL=秒:1/100
1A	1	置时钟	CH:CL=时:分；DH:DL=秒:l/100 秒	

参 考 文 献

[1] 杨立，等. 微型计算机原理与接口技术[M]. 4 版. 北京：中国铁道出版社，2016.

[2] 钱晓捷. 16/32 位微机原理、汇编语言及接口技术[M]. 3 版. 北京：机械工业出版社，2011.

[3] 王保恒，等. 汇编语言程序设计及应用[M]. 2 版. 北京：高等教育出版社，2010.

[4] 朱定华，林卫. 微机原理、汇编与接口技术实验教程[M]. 2 版. 北京：清华大学出版社，2010.

[5] 余春暄，等. 80X86/Pentium 微机原理及接口技术[M]. 2 版. 北京：机械工业出版社，2008.

[6] 余朝琨. IBM-PC 汇编语言程序设计[M]. 北京：机械工业出版社，2008.

[7] 孙德文. 微型计算机及其接口技术学习辅导及习题解答[M]. 北京：清华大学出版社，2007.

[8] 郑学坚，等. 微型计算机原理及应用实验指导[M]. 2 版. 北京：清华大学出版社，2001.

[9] 戴梅萼. 微型计算机技术及应用：习题、实验题与综合训练题集[M]. 3 版. 北京：清华大学出版社，2004.